桥见泉州

泉州交通发展集团有限责任公司
福建第一公路工程集团有限公司 主编

人民交通出版社

北京

内容提要

　　本书共分为四章：山海之间、千载虹影、现代长虹、美韵流芳。第一章山海之间，通过阐述泉州复杂地形、宋元时期国际贸易及现代民营经济蓬勃发展对交通的需求，着力展示泉州为什么需要桥梁。第二章千载虹影，精选九座古代桥梁，图文并茂地展示了泉州作为古代海上丝绸之路起点，桥梁所起的重要作用和桥梁技术所取得的辉煌成就。第三章现代长虹，通过十座现代桥梁的技术解析与特色解读，系统梳理泉州造桥技艺的当代发展。第四章美韵流芳，介绍地区传统建筑艺术、泉州桥梁相关的文学艺术作品，泉州及其华侨在海峡两岸及国际交流中所起的"桥梁"作用。

　　本书将泉州桥梁置于特定的历史条件与地域空间中，从技术、社会、经济、文化多维视角对泉州桥梁进行了深入、综合的解读。本书图文并茂，深入浅出，可读性强，读者面广。本书可供对桥梁历史、文化、技术以及泉州地区社会、经济、民俗感兴趣的专家学者、技术人员和普通读者阅读，也可作为高校桥梁相关通识性课程辅助教材。

本书编委会

主　编
洪冬青

·

副　主　编
陈一宇　陈小芬　潘　进　郭定国　颜永强

·

编　写　人　员
宋　珲　王名誉　颜美嘉　潘文栋　李东坡

赖明信　崔学忠　虢　曼　赖有泉　胡长江

刘东兰　杜沈阳　林晓君　陈旺桂　谢彬彬

郑　桐　陈巧梅　黄腾峰

·

主　审
林发金

·

顾　问
陈宝春

桥见泉州

山河虹影　品质为基

　　泉州之桥，是山海相拥的地理答卷，是千年港城的历史印记，更是这座城市向海而生、勇立潮头的精神符号。当《桥见泉州》书稿置于案前，那些横亘古今的桥梁，恰似一部镌刻在闽南大地上的立体史诗——从洛阳桥"浮运架梁"的千年智慧里，能看见古人与潮汐对话的从容；从泉州湾跨海大桥横跨碧波的现代雄姿中，可感知当代建设者的匠心独运。桥梁不仅是连通山水的工具，更像一条文明脉络，让泉州与世界的对话跨越千年，从未间断。

　　作为泉州交通建设的亲历者与推动者，泉州交通发展集团有限责任公司（简称：交发集团）始终以"造桥者"的姿态，深植这片土地，将"品质交发"的追求熔铸于每一寸钢筋混凝土之中。从宋元时期"闽中桥梁甲天下"的辉煌中读取基因密码，从改革开放后"制造实业立市"的奇迹中汲取闽南精神，在助推万亿泉州腾飞的征程里，交发人秉承"交融、通达、笃行、致远"核心价值理念，以交通先行之势，勇担基础设施建设重任。

山海以为证，桥可见历史。向海，洛阳桥的船形桥墩里，藏着古人"立石为梁，劈波斩浪"的方舟智慧；入山，东关桥的"睡木沉基"中，凝结着先民"以柔克刚，借力自然"的营建巧思。千年文脉在一代代交通先行者脚下徐徐展开，泉州古桥的每一道刻痕都是密语，记录着如何向海浪借力、与地势周旋、同岁月谈判的共生哲学。以承袭这份匠心为使命的交发人，从古法到新篇，不断将古桥的建造匠心融入现代工程，于钢铁中镌刻品质级的"交发力量"：福厦高铁泉州湾跨海大桥的无砟轨道技术里，铺展着中国高铁"跨海越洋"的创新画卷；晋江大桥如竖琴屹立于入海口，气势恢宏的斜拉索构成工程美学，诠释着中国桥梁的精湛技艺。

虹影以为范，桥可见担当。"无桥不成市"，桥梁从来都不是一个简单的地理标识，而是连通地域、装点城乡，助力城市能级跃升的强力引擎。从爱国华侨捐建铭选大桥的家国情怀与幕后"祖孙三代一门侨贤"的感人事迹，到刺桐大桥作为内地首例BOT项目被树立为改革、探索的典型榜样，泉州的桥梁早已超越交通设施的物理属性，书写着聚力担当的时代篇章：跨越时空的接力者们，以桥为誓，众志成城，让每座桥梁都成为连接交通民生的纽带，而这，也同样是交发人始终坚持续写的荣光——当金屿大桥首个主桥承台顺利浇筑，当百崎湖大桥首根海上桩基顺利开钻，交发人用每毫米的施工精度铸就时代精品，一道道长虹破浪而起，"环湾向海"的城市蓝图就在桩基的浇筑间步步成形。

品质以为基，桥可见未来。桥梁的本质是连接，这与交发集团"现代交通产业及城市大数据投建运管综合服务提供商"的定位高度契合。集团成立以来，着力构建"大交通"格局、"大数据"网络，积极培育交通投资、交通建设、交通运输、交通资产、综合能源、数字信息"六个板块"业务新局，致力于以品质交通枢纽串联起港口物流、智慧城市、文旅融合等产业链条。桥连世界，既筑有形之"桥"——从后渚大桥、泉州湾大桥到"三大通道"，一座座横跨城市"组团"间的大桥，正构建起21世纪海丝核心区的交通骨架；更筑无形之"桥"——通过"交通+文旅"融合，让世遗泉州多样文化走向世界；借助"交通+数字"，让更多智慧应用重塑城市出行生态。

《桥见泉州》的出版，恰逢交发集团"品质交发"建设迈向深水区的关键节点，书中收录的19座桥梁、300余幅影像，既是对泉州千年造桥智慧的致敬和所有以桥写史的建设者的铭记，更是对新时代国企使命的宣言——我们不仅要让桥成为缩短时空距离的通道，更要让它成为技术创新的试验场、产城融合的催化剂、文明对话的会客厅。当未来的旅人来到泉州，站在交发人建设的新桥上，眺望古港与新城交融的天际线时，他们会读懂：泉州的桥，是历史的刻度，更是未来的航标；它映照着交发人"逢山开路、遇水架桥"的初心，也托举着这座城市"通江达海、对话世界"的雄心。

泉州交通发展集团有限责任公司

党委书记、董事长：洪冬青

二〇二五年八月

　　泉州，这座东南沿海的历史名城，自古以来便与桥结下了不解之缘。凭借其独特的地理位置与开放的海洋文化，泉州在历史长河中扮演着中国与世界沟通交流的关键角色。宋元时期，作为"东方第一大港"，泉州港的繁荣催生了大量桥梁的建设，"闽中桥梁甲天下，泉州桥梁甲闽中"便是对其辉煌造桥史的生动写照。如今，泉州已发展成为"万亿城市"（地区生产总值超过1万亿元），桥梁建设更是日新月异，持续推动着城市的发展。

　　为保护和传承泉州深厚的桥梁文化遗产，响应社会各界的长期呼吁，2024年12月7日，泉州桥梁文化展示馆正式亮相于泉州台商投资区福建第一公路工程集团有限公司闽路大厦1楼。该展示馆的主题为"桥见古今 梦筑未来"，馆内包含序厅、4个主题部分（共9个单元）及结束语。通过系统展示宋元古桥（如洛阳桥、安平桥）的建造技艺与现代桥梁（如泉州湾跨海大桥、晋江大桥）的创新成就，弘扬了泉州"爱拼敢赢"的精神。

　　为配合泉州桥梁文化展示馆全面展现泉州桥梁文化的魅力，传承与弘扬这一独特的地域文化，泉州交通发展集团有限责任公司、福建第一公路工程集团有限公司特别策划了本书——《桥见泉州》。本书深度挖掘泉州桥梁文化内涵，探寻其在历史演进、经济发展、文化传承以及国际交流等方面的重要意义，力求让读者领略泉州桥梁从古代到现代的发展脉络及连接历史与未来的独特价值，感受泉州的开放包容、智慧以及拼搏精神。

在本书编写过程中，我们得到了多方的支持与帮助。感谢提供历史资料的学者和机构，他们的研究成果为本书奠定了坚实基础；感谢提供桥梁照片、文献的摄影者和收藏者，他们的资料让本书内容更加丰富生动；同时，也要感谢参与讨论、给予建议的专家和朋友们，他们的智慧使本书更加完善。

编　者
二〇二五年五月

桥见泉州

桥梁是泉州人跨越山河、走向海洋的必然选择，
桥梁是泉州发展史上的璀璨明珠。

桥梁是泉州人爱拼会赢的精神丰碑，
桥梁见证着泉州不断前进的步伐和辉煌的历程。

目录

第二章
千载虹影 029

第三章
现代长虹 067

第四章
美韵流芳

桥见泉州

序 章

　　泉州，地处我国福建东南部沿海，与台湾隔海相望。福建第二大山脉戴云山脉横亘泉州西北，其支脉连绵起伏，直抵东海之滨，山海相接之处是一条漫长而曲折的大陆海岸线，数十个大大小小的港湾深嵌其中。泉州地势西北高东南低，地形以山地和丘陵为主，以晋江和洛阳江为主的水系奔流其中，人称"八山一水一分田"。

　　西北群山阻隔了泉州与内地的联系。在航海技术不够发达的古代，亦不能向东远航，泉州被封闭于东南一隅，比起中原地区则相对落后。魏晋时期，中原战乱频发，大批士族南迁入闽。日趋增长的人口与泉州山多地少的自然条件形成冲突，泉州人急于开拓出一条全新的生存之路，上下求索后的答案是"向海发展"。

　　无数泉州人筚路蓝缕，在海上开拓进取。香料、珠宝、药材等异域物产被源源不断运进来，同时，以当地特产为主的物品大量销往境外，如安溪的茶叶、德化的白瓷、惠安的石雕等。然而，实现这一切却受制于泉州复杂的地形、遍布的水系。造桥修路，成了解决问题唯一的办法。

　　始建于北宋的巨型梁式海港石桥——洛阳桥、始建于南宋的我国现存最长的古代跨海大石桥——安平桥等，均成为构建以泉州城为中心的水陆交通网络的重要节点，支撑泉州在宋元时期成为"东方第一大港"和海上丝绸之路的重要起点，形成"涨海声中万国商"的开放格局。2021年7月25日，我国世界遗产提名项目"泉州：宋元中国的世界海洋商贸中心"成功列入《世界遗产名录》。这是公元10世纪到14世纪产生并留存至今的一系列文化遗产，其中包括了洛阳桥、安平桥、顺济桥遗址。

　　随着元末的战乱和明清愈发严厉的海禁，泉州的辉煌骤然落幕。许多泉州人赴台湾和东南亚一带谋生，泉州因此成为著名的侨乡。华侨们在当地打拼，促进了当地的发展，同时积极参与家乡经济建设，推动泉州产品走向国际市场，在政治、经济、文化等方面起到了对外沟通交流的"桥梁"作用。

　　改革开放以来，凭借着一代代泉州人的努力打拼，泉州一度成为福建省的第一大经济体。作为名副其实的民营经济大市，安踏、特步、七匹狼、鸿星尔克等，一大批耳熟能详的民族品牌从这里走向中国的千家万户，走向世界。经济的快速发展带来城市地区面貌的革新，泉州湾跨海大桥、安海湾特大桥、刺桐大桥等，一座座大桥成为构建泉州现代交通的重要组成部分。

　　未来，泉州还将建设更多的桥梁，不断加强区域协同能力，为建设"海丝名城、智造强市、品质泉州"提供有力的交通保障。

桥见泉州

　　泉州，一座在山与海的角力中生长的城市。戴云山脉的群峰如屏障般立于西北，晋江、洛阳江的急流在丘陵间奔腾，而东南方的海岸线却在潮汐中舒展，将星罗棋布的港湾推向世界。这样的地理格局，既带来"舟车难通"的困局，也埋藏着"以桥破局"的答案。

　　千年前，宋人在洛阳江上架起跨海石桥，让德化的瓷器经陆路七日可达港口；千年后，今人在泉州湾架起跨海大桥，将高铁、公路托举于波涛之上。从简易长梁到跨海通途，泉州人用桥梁缝合被山水割裂的土地，连接历史与未来。泉州的命运始终与桥梁紧密交织。

第一章 山海之间

至善至臻之境
未来希冀之梦

壹
依山傍海

　　泉州地处福建省东南部沿海地区，地形呈现"西北高、东南低"的特征。戴云山脉横亘西北，晋江、洛阳江穿流而过，形成破碎的水网地貌。这种特殊的地理环境，让桥梁成为泉州人跨越山河、走向海洋的必然选择。

一、泉州主要地形地貌特征

　　戴云山脉主峰海拔1856米，是福建省第二高峰。山脉向东延伸，形成丘陵、河谷交错的复杂地形。晋江与洛阳江在此间穿流向海，提供了水源、水运条件，养育了泉州人民，但河道曲折、潮汐汹涌，阻碍了两岸的沟通。上游河面较窄，可用桥梁跨越；下游入海口处，仅能靠渡船解决。它不仅费时，而且不能常年通行，风险极高。宋代桥梁技术的突破，洛阳桥等一大批沿海石墩石梁桥的建设，才使得两岸便捷的人员流动和货物流通得以实现。

泉州区位与地形示意图

泉州市区（部分）

戴云山

二、"三湾十二港"的海洋基因

　　泉州拥有非常丰富的海岸线资源。宋元时期，泉州港口繁盛，有"三湾十二港"之说，古泉州港❶被誉为"东方第一大港"。德化瓷器、安溪铁器通过洛阳桥、顺济桥等运抵港口，再经海路运往全球。2021年，《福建省沿海港口布局规划（2020年—2035年）》中涉及泉州的有五大港区，即湄洲湾内的肖厝港区、斗尾港区、泉州湾港区、深沪湾港区和围头湾港区。其中，泉州湾、深沪湾和围头

---

❶　历史上的古泉州港，是泉州地区"三湾十二港"合成的集群海港总称。

湾港区合称泉州港。该规划确定泉州港为福建省建设21世纪海上丝绸之路核心区的重要基础设施。此后，泉州市相继规划了金屿大桥、金鲤大桥、百崎湖大桥等一系列现代化桥梁，为泉州五大港区提升货物集散效率发挥支撑保障作用。

三、水陆复合交通网络

泉州"八山一水一分田"的地貌，迫使泉州人自古便开始构建水陆联运体系。宋代洛阳桥的建成，打通了泉州沿海南北陆路通道；安平桥则串联起安海、水头两大集镇。如今，全市数千座公路、市政、铁路桥梁继续支撑着"高速公路+高铁+港口"的综合立体交通网。

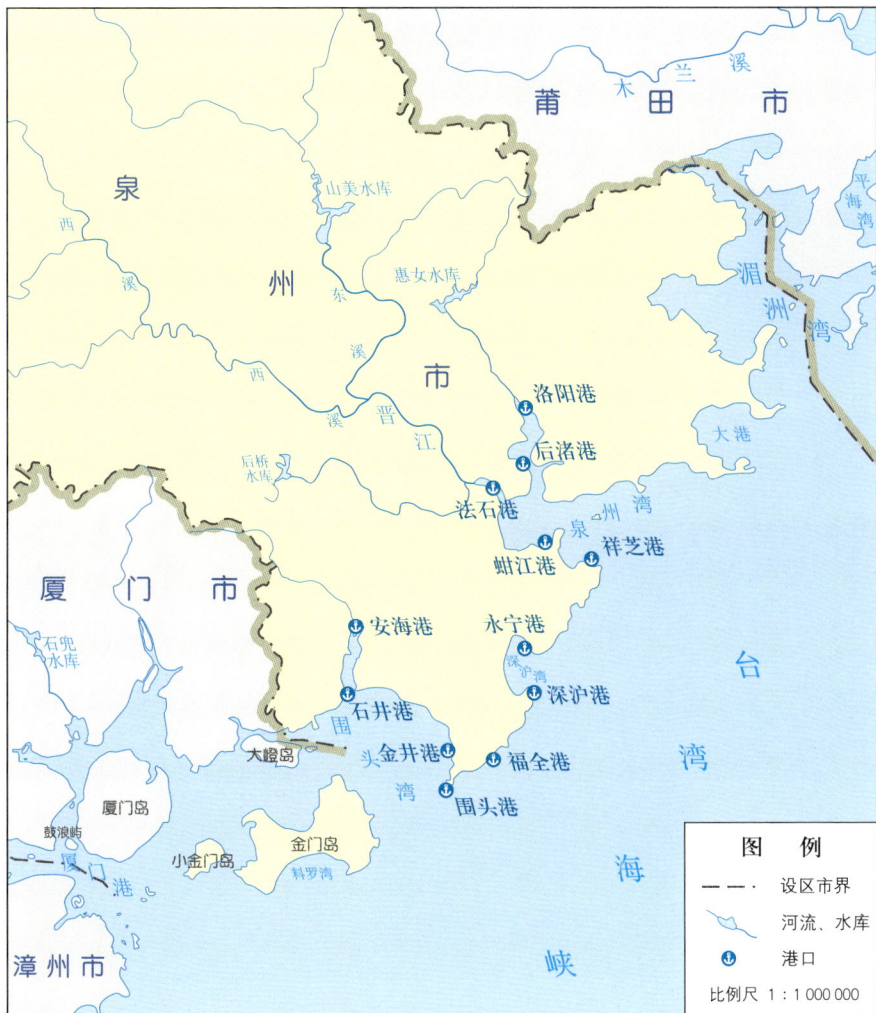

泉州"三湾十二港"

莆田市

木兰溪

平海湾

湄洲湾

泉

州

山美水库

惠女水库

市

东溪

西溪

西溪

晋江

后桥水库

大港

洛阳港

后渚港

法石港

泉州湾

蚶江港

祥芝港

永宁港

安海港

深沪湾

深沪港

厦门市

石兜水库

围头

石井港

金井港

福全港

头

围头港

湾

台

大嶝岛

湾

厦门岛

海

鼓浪屿

金门岛

港

小金门岛

料罗湾

峡

漳州市

图　例	
━ ━ ━	设区市界
〰	河流、水库
⚓	港口
比例尺 1 : 1 000 000	

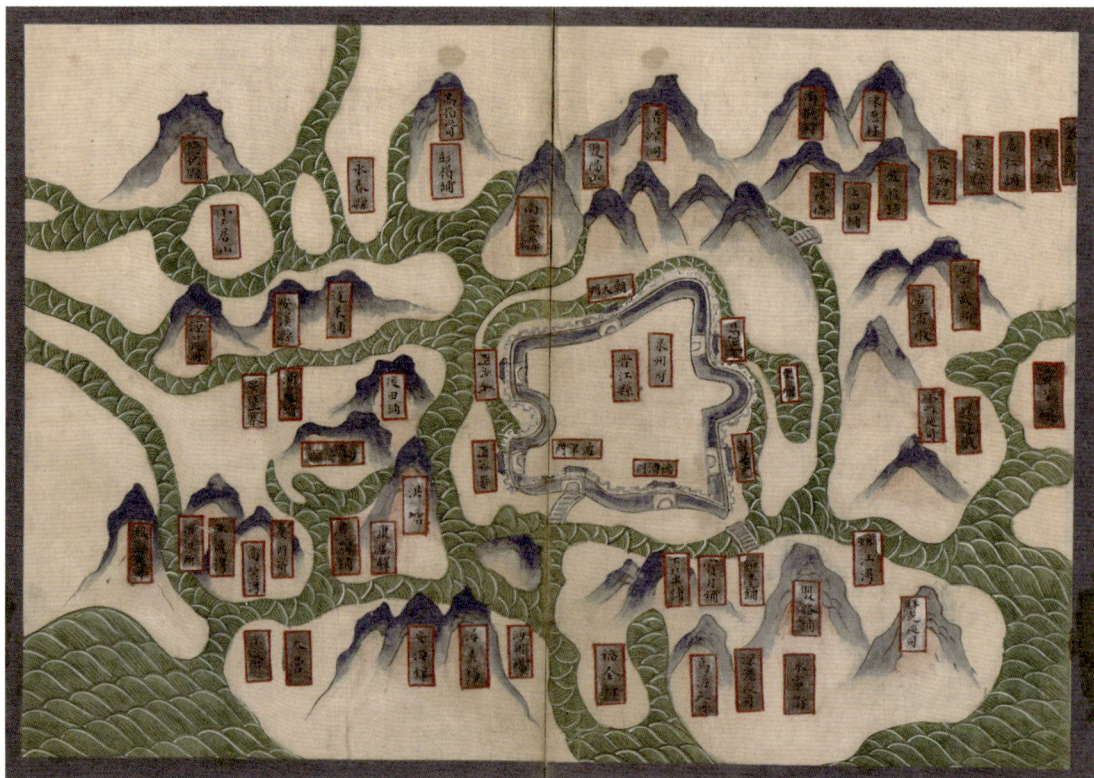

泉州历史地图（1602 年）

泉州市综合交通运输现状

贰
海上丝绸之路的重要起点

泉州地处我国东南海疆的中部，是海外航路的交会处，向东北可直通日本、朝鲜，向西南亦可达东南亚。北宋元祐二年（1087年），朝廷设福建市舶司于泉州。此后，泉州港迅速超越明州港（今宁波），追平广州港，并在南宋晚期成为当时东方第一大港。作为古代中国对外贸易的重要港口，泉州是联合国教科文组织确认的海上丝绸之路起点之一。

一、宋元时期的东方大港

公元10至14世纪，泉州依托其庞大的水陆复合交通网络、外向型产业结构和官民协同的海洋贸易管理制度，迅速发展成为贸易中心港口。从海外引进了旱稻、棉花，运进来香料、药物，输出我国的瓷器、丝绸和铜铁器等。通往各国的条条航路被誉为海上丝绸之路，泉州港则成为海上丝路的重要起点。港口的发展推动了当地社会经济的繁荣，催生了人们对便捷交通的客观需求；而繁荣的经济，又为桥梁等交通基础设施的建设提供了资金支持。因此这一时期，泉州修建了不乏大型跨海桥梁的为数众多的桥梁，取得了极高的技术成就。

"闽中桥梁甲天下，泉州桥梁甲闽中。"历经千年风雨，泉州仍留存古桥151座，其中，洛阳桥、安平桥和顺济桥遗址在世界桥梁史和泉州发展史上具有重要地位，成为世界文化遗产"泉州：宋元中国的世界海洋商贸中心"的重要组成部分。

二、福建市舶司的建立

北宋元祐二年（1087年），福建市舶司于泉州正式成立，专职管理进出港口的船舶货物、中外海商及征收贸易税。市舶司征收的丰厚关税（如南宋时年入可达百万缗❶），为泉州诸如洛阳桥、安平桥等大型桥梁的建设提供了关键的财力支撑。在充沛的建设资金、迫切的交通需求与复杂地形地貌地质条件的共同驱动下，泉州的桥梁建造技术得以迅猛发展。

---

❶ 缗，指用于成串的铜钱，每串一千文。

建于泉州的福建市舶司遗址

三、古代泉州的桥梁建设

洛阳桥首创的"筏形基础",适应了水深口阔、淤泥软基、潮汐浪涌的海湾桥梁基础条件;"浮运架设"则巧妙地利用了潮起潮落的自然条件,解决了巨大石梁的架设难题。此后,在泉州安平桥、石笋桥、金鸡桥等多座古桥中应用的"睡木沉基",则能适应河床断面变化大、软土地基厚的地形地质条件,

顺济桥遗址

进一步发展了桥梁基础技术。这些先进技术的成熟与运用，推动泉州建造出更多桥梁，显著加速了当地水陆复合交通网络的形成，进而为海上贸易的发展提供了更坚实的基础。

安平桥

洛阳桥

叁
民营经济标杆

当代泉州以民营经济立市，安踏、恒安等7家千亿级民营企业从晋江两岸崛起。2020年，全市地区生产总值达10158.66亿元，进入地区生产总值万亿城市行列，总量连续22年保持在福建省各地市的首位。这一经济奇迹的发生离不开桥梁的支撑。桥梁不仅是物理通道，更是泉州民营经济"造桥开路"精神的见证。

一、"晋江经验"与交通先行

泉州作为"晋江经验"的诞生地，是中国民营经济最早发源地之一，也是民营经济最具活力的区域之一。20世纪90年代，晋江民营企业的发展却受困于不便的交通条件：支流密布的晋江流域，交通不便，物流效率低下。为此，泉州实施交通先行工程，以敢为人先的精神，在国内桥梁建设中首次引入"建设—经营—转让"的BOT模式，于1997年建成了刺桐大桥，使晋江两岸企业物流成本骤降60％。20多年来，在"晋江经验"的指引下，泉州奋力建设21世纪"海丝名城"，各项事业齐头并进。桥梁既是物理通道，更是"晋江经验"从理念到实践的助推器。

晋江经验馆

二、"公路年"到"聚城畅通"的跨越

改革开放后，泉州的公路交通逐渐成为制约泉州经济发展的瓶颈。1992年，在邓小平南方谈话的鼓舞下，泉州市委、市政府审时度势，决定将1993年定为"公路年"，1994年定为"交通年"，1995年定为"基础设施建设年"，沉洲（高速）特大桥、刺桐大桥、洛阳新桥均建于这一时期。2020年4月起，泉州市委、市政府以"城市要聚、交通要畅"为指导思想，实施了"聚城畅通"工程。该工程以构建"环湾30分钟通勤圈、市域60分钟通畅圈、省内90分钟通达圈"的"369"交通圈格局为目标，加快了晋江隧道、城际铁路R1线的建设，并全速推进金屿大桥、百崎湖大桥、金鲤大桥等项目的建设，全力推动地区交通基础设施的完善。2023年泉州的公路通车里程密度为全省第一。目前，泉州市的"聚城畅通"工程已经取得了显著的成效，"369"交通圈格局初步形成。

全省公路密度

单位：公里/百平方公里

城市	公路通车里程		二级及以上公路		高速公路	
	密度	排名	密度	排名	密度	排名
全省	95.85		16.04		4.92	
福州市	105.95	6	17.62	6	6.92	2
厦门市	147.72	4	54.77	1	9.64	1
莆田市	173.58	3	25.92	4	6.91	3
三明市	71.97	9	12.37	9	4.10	9
泉州市	182.65	1	27.82	3	6.30	4
漳州市	109.74	5	19.74	5	5.74	5
南平市	63.09	10	10.53	10	3.97	10
龙岩市	79.87	8	13.40	8	4.22	8
宁德市	101.86	7	14.92	7	4.60	6
平潭	179.07	2	42.02	2	4.42	7

资料来源：《福建公路统计年鉴》，2024 年，福建省公路事业发展中心。

《泉州晚报》关于泉州交通的报道

三、蓬勃经济背后的桥梁支撑

2014—2024年，泉州市的地区生产总值从5733亿元增长至超过万亿元，到2024年已攀升至13094.87亿元。2024年，泉州市的地区生产总值增速达到了6.5%，在所有地区生产总值超过万亿元的城市中位居首位。

《泉州市"十四五"现代综合交通运输体系专项规划》指出，泉州将致力于建设高质量综合立体交通网，提高高速公路服务能力，促进互联互通；全面增强普通国省干线高质量供给；提高铁路网密度，实现高铁"零"的突破。

高速公路泉州湾跨海大桥的建成，使泉州市环城高速公路形成了完整的闭环，有效激活了环泉州湾980平方千米的区域资源，推动了泉州市从滨江城市向环湾城市的快速转型。

随着高速铁路泉州湾跨海大桥的全面贯通，福建省内首条高铁——福厦高速铁路桥建成。它不仅是国内首条跨海高铁，更是中国"八纵八横"高速铁路网中"沿海通道"的重要组成部分。泉州也因此实现了高铁"零"的突破。泉州地区建设的泉州南站、泉州东站和泉港站，对加快海西城市群经济社会发展起到了重要作用。

泉州市"十四五"高速公路规划示意图

泉州市"十四五"轨道交通规划示意图

三 明 市

534

638

235

356

福 州 市

永泰县

街面水库

杨梅乡

葛坑镇

汤头乡

桂阳乡

534

大田县

大铭乡

上涌镇

水口镇

溪

金钟水库

莆

春美乡

赤水镇

国宝乡

南埕镇

355

龙 岩 市

美湖镇

雷峰镇

盖德镇

德化县

龙门滩镇

东圳水库

莆田市

荔城区

城厢区

235

一都镇

属三明市下洋镇

桂洋镇

呈贡

龙浔镇

三班镇

仙游县

坑仔口镇

锦斗镇

苏坑镇

介福乡

湖洋镇

356

356

324

横口乡

638

玉斗镇

蓬壶镇

吾峰镇

228

桃舟乡

剑斗镇

石鼓镇

永春县

外山乡

东关镇

356

356

感德镇

白濑乡

达埔镇

仙夹镇

坑山镇

向阳乡

虹山乡

涂岭镇

界山镇

南埔镇

福田乡

祥华乡

湖上乡

湖头镇

金谷镇

山美水库

蓬华镇

码头镇

九都镇

罗溪镇

泉港区

228

蓝田乡

魁斗镇

355

诗山镇

罗东镇

洪梅镇

马甲镇

前黄镇

峰尾镇

后龙镇

长卿镇

蓬莱镇

参内乡

眉山乡

省新镇

康美镇

紫山镇

河市镇

惠安县

324

东桥镇

芦田镇

安溪县

城厢镇

东溪水库

东岭镇

净峰镇

358

西坪镇

虎邱镇

官桥镇

翔云镇

仑苍镇

洛江区

东园镇

张坂镇

崇武镇

龙涓乡

龙门镇

东都镇

南安市

霞美镇

丰泽区

百崎回族乡

洛阳

鲤城区

泉州市

祥芝镇

蚶江镇

355

大坪乡

东田镇

358

324

陈埭镇

晋江市

石狮市

锦尚镇

九 龙 江 北 溪

上孚水库

官桥镇

金淘镇

灵秀镇

永 春 溪

漳 州 市

厦 门 市

638

同安区

水头镇

内坑镇

安海镇

永和镇

龙湖镇

228

228

东石镇

英林镇

永宁镇

324

翔安区

石井镇

深沪镇

集美区

228

金井镇

湖里区

海沧区

厦门市

思明区

鼓浪屿

大嶝岛

金门县

金门岛

料罗湾

泉 州 湾

围 头 湾

台 湾 海 峡

湄 洲 湾

漳州市

228

小金门岛

图　例

◉　设区市行政中心

◎　县级行政中心

○　镇、乡

- - -　设区市界

- -　县级界

─── 　国道

─── 　省道

- - -　中长期新增省道

─── 　十四五项目

比例尺　1 : 1 285 000

泉州市"十四五"普通国省干线规划示意图

桥见泉州

　　泉州桥梁建设历史源远流长，隋唐地方志中就有建造桥梁的记载。宋元时期，作为海上丝绸之路起点的泉州港已成为世界上最大的贸易港口之一，呈现出"市井十洲人""涨海声中万国商"的繁荣景象。经济的繁荣为交通设施的建设提出了迫切的需求，也提供了坚实的经济基础。从这一时期开始，泉州古代桥梁的建设无论是技术水平、数量还是工程规模，都呈现出蓬勃发展的态势。

第二章 千载虹影

至善至臻之境
未来希冀之梦

壹
世界遗产

  2021年，"泉州：宋元中国的海洋商贸中心"成功列入《世界遗产名录》。这一遗产由22处代表性古迹遗址及其关联环境和空间构成，与桥梁相关的有3处，分别是洛阳桥、安平桥和顺济桥遗址。显然，古代桥梁是该世界遗产的重要组成部分。

一、洛阳桥

  洛阳桥位于泉州市洛阳江入海口，始建于北宋皇祐五年（1053年），由泉州太守蔡襄主持修建，竣工于嘉祐四年（1059年）。洛阳桥因横跨洛阳江而得名。据传，晋代北方因八王之乱而陷入战争，百姓南迁，部分中原百姓迁至泉州一带后，将河流命名为"洛阳江"以纪念故乡。洛阳桥建成之前，两岸往来靠渡船。百姓为祈求船渡平安，此渡口称为"万安渡口"。因此，洛阳桥又名万安桥。

万安桥石刻

　　据修桥碑文记载：酾水为四十七道，梁空以行，其长两千六百尺❶，广丈有五尺。洛阳桥现存桥长约731米，经一天然小岛（设有"中亭"），连接两岸。全桥共45个桥墩、4个桥台、47跨，每孔净跨径约8米。每孔上部结构由6~7条石梁构成（每条石梁长达11米、宽1米、厚0.8米）。

　　洛阳桥中亭建造在古代的万安渡，这是一个难得的渡口选址。宋代建造洛阳桥时，充分利用了这个天然小岛，将整座桥梁分为两段，极大地方便了大桥的建造。同时，"中亭"上设有历代建造的人工设施，成为人们过桥时的停歇点。

---

❶　1 尺 ≈ 0.333 米。

洛阳桥全景

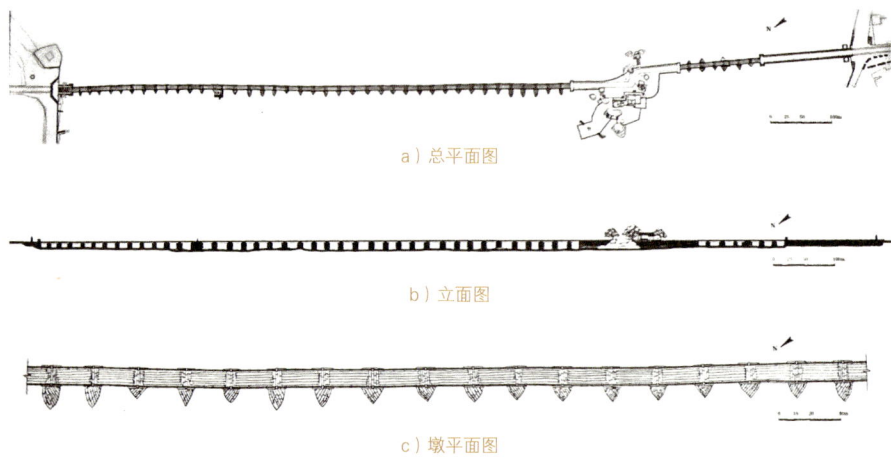

a）总平面图

b）立面图

c）墩平面图

洛阳桥布局图

洛阳桥中亭

　　洛阳桥在建造时首创了"筏形基础""浮运架梁"建桥技术。同时，为减少水流对桥墩的冲击，采用了"船形桥墩"的设计；且为防止冲刷，采用了"种蛎固基"的做法。

船形桥墩与种砺固基

1.筏形基础

筏形基础是指在江底沿着桥梁中线抛掷石块，并向两侧展开一定宽度，挤开江底的淤泥，形成一条横跨江底的矮石堤，作为桥墩的基址。洛阳桥的桥墩基础首创的"筏形基础"是我国桥梁工匠在900多年前对桥梁技术的重大贡献。国外桥梁工程中使用的"筏形基础"直到19世纪末才出现，迄今仅百余年的时间。

抛石筑"筏形基础"

2.浮运架梁

先建好桥梁墩台，涨潮时将装有石梁的船驶到桥跨处，移位并固定石梁到设定位置，随着退潮，船体下降、梁体落到墩台上，船驶离桥位，完成架梁工作，这就是洛阳桥的浮运架梁法。

作为中国现存最早的跨海梁式石桥，洛阳桥的建成促进了泉州港口与内陆地区的交流。其官民协力的建造模式、巨大的工程体量、创新的建桥技术以及精彩绝伦的书法碑刻，体现了官方及乡绅、民众等社会各界对地方建设与发展的鼎力支持，是宋元时期泉州地区社会、经济和文化繁荣的一个缩影。

浮运架梁技术示意图

二、安平桥

安平桥位于晋江市安海镇和南安市水头镇之间的海湾上。桥梁始建于南宋绍兴八年（1138年），由僧人祖派主持、黄护与智渊捐资兴建；绍兴二十一年（1151年）泉州郡守赵令衿续建；绍兴二十二年（1152年）竣工。桥名"安平"源于安海镇古称"安平道"，因桥体总长约五华里❶，故别名"五里桥"。

安平桥全长约2255米，宽3~3.8米，现存361座桥墩，形成362跨。桥体中心设有亭阁，作为行人休憩场所。桥面由花岗岩石梁铺设，单条石梁长5~11米、宽0.6~1米，厚0.5~1米，单梁重4~5吨，最大石梁重达25吨。桥墩基础采用"睡木沉基"技术建造，它是继洛阳桥"筏形基础"后的泉州古代桥梁技术又一次创新。

安平桥

---

❶ 1华里＝500米。

安平桥

安平桥亭阁

　　"睡木沉基"（又称"卧椿沉基"）具体方法为：预先在岸上铺设多层交叉排列的椿木，然后运至桥墩处，其上叠砌石墩，利用石条自重使椿木层逐渐沉至硬土层，形成桥墩基址。它与"筏形地基"一样能有效解决海港淤泥地基的承载力问题，且更能适应河床断面变化大的地形，可视为现代桥梁基础中浮运沉井的雏形。

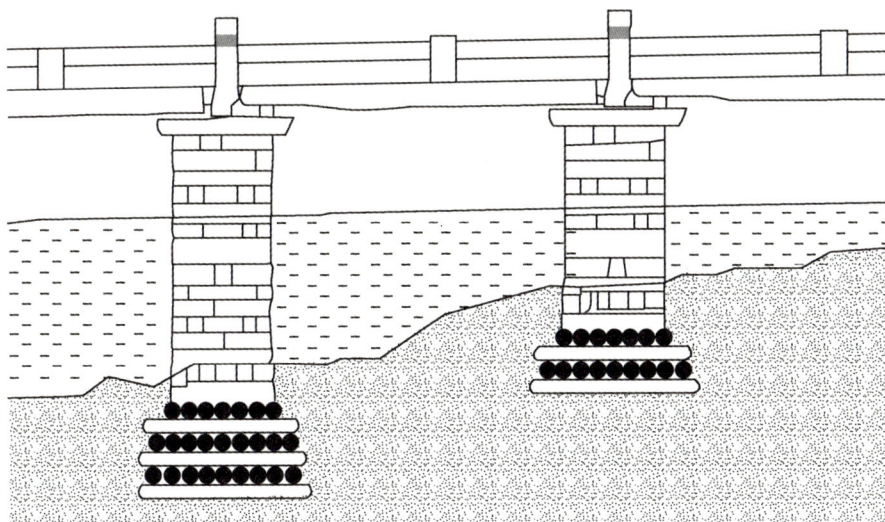

"睡木沉基"示意图

睡木沉基（福建省武夷山垂裕桥遗址）

安平桥由地方官署、宗教人士、商人及平民合力建造，是宋元时期泉州海外贸易线路的重要交通节点，该桥梁的建成促进了内陆经济与海外通商贸易的联结。

安平桥的桥墩采用花岗岩条石精心叠砌，形成了横直交错的独特结构。安平桥的桥墩共有三种不同的形式：长方形桥墩、半船形桥墩、船形桥墩。其中，半船形桥墩一端为尖状，另一端则为方形，这种桥墩形式适用于水流较缓处；而船形桥墩，其两端都为尖状，这种形状利于排水，适用于水流较急处。

长方形桥墩

半船形桥墩

船形桥墩

三、顺济桥遗址

　　顺济桥遗址位于泉州市古城德济门外，横跨晋江两岸。该桥始建于南宋嘉定四年（1211年），由泉州知府邹应龙主持建造，顺济桥的建设资金来源于外商修建泉州城楼的余资。2006年受台风"碧利斯"影响，顺济桥第9、10、21、22号桥墩坍塌，桥体断裂，丧失交通功能，成为遗址。顺济桥遗址是泉州作为海丝起点的一个重要物证。

　　顺济桥因桥北靠近顺济宫（天后宫）而得名，又因建成时间晚于上游的石笋桥，民间俗称"新桥"。桥梁原长约500米，现存遗址长约400米，宽4.6米，主体由11座桥墩构成12跨，单跨跨径为7.6~15.4米。顺济桥采用的是"筏形基础"技术，在江底沿中线抛填石块形成宽约25米、长500米的矮石堤作为桥墩基础，其上干砌条石筑成船形桥墩（长约8.5米，宽约3.5米），上部架设石梁。

　　顺济桥初建时为石梁桥，桥北设木梁吊桥，可吊起以防御外敌，并建有桥头堡及戟门，南端桥堡刻"雄镇天南"四字。1932年，由雷文铨设计改造成四梁式钢筋混凝土桥，成为福厦公路要道。2000年因桥体损坏被列为危桥，禁止通行。2006年，桥梁彻底毁坏成为遗址。

　　顺济桥现以遗址状态保存，残留11座桥墩及部分20世纪30年代的钢筋混凝土结构。2020年1月，顺济桥被列为福建省第九批省级文物保护单位，成为研究泉州古桥梁技术及海洋贸易交通网络的重要实证。

顺济桥文保碑刻

顺济桥遗址

贰
跨江越海

一、西溪暗桥

西溪暗桥位于泉州市德化县上涌镇西溪村，为石梁桥，传说古时官吏下埠巡察暗访路过此桥，因而得此名。西溪暗桥建于唐僖宗年间（874—888年），是德化县乃至整个泉州现存较为完好的最古老的桥梁。

西溪暗桥桥台依溪涧山体，用巨型条石干砌而成，两侧桥台悬挑两层各0.5米长的石梁，以缩短桥跨石梁的长度，减少梁中弯矩。桥跨石梁共5根，每根约6米长、0.5米厚、0.5～0.6米宽。桥面两侧各埋设2根1米高的石柱，两根石柱相对方向凿有石眼，穿上横木则作为栏杆。

该桥长10米，宽2.85米，原距河面7米。经长年累月泥沙淤积，河床抬高，现距河面仅5米，已不见当年之雄姿。桥台、桥面至今仍完好，石柱和桥栏杆已被毁坏。

　　暗桥处于戴云山北麓古驿道要冲，历史上是德化通往尤溪、大田的必经之路。在2013年第三次全国文物普查中，暗桥被列入德化县不可移动文物名录。

西溪暗桥

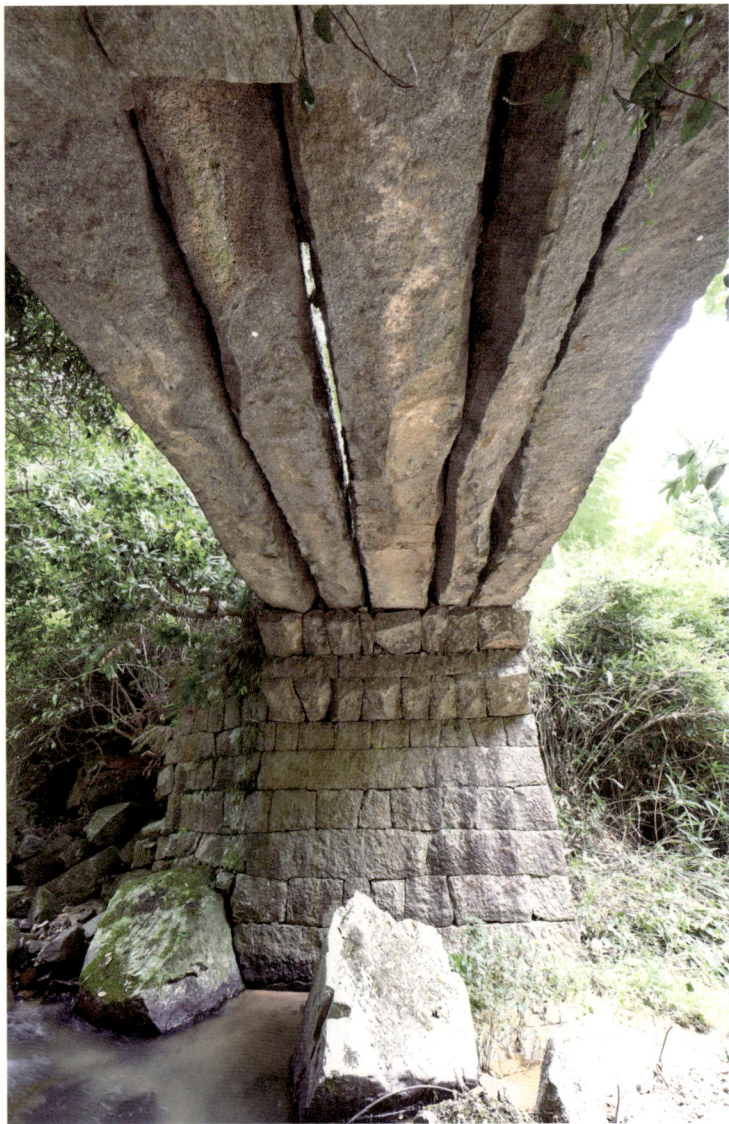

西溪暗桥

二、吟啸桥

　　吟啸桥，又名隐龟桥，位于晋江市梅岭街道双沟社区，据清乾隆年间《泉州府志》载："唐欧阳詹尝吟啸于此，故名。"为纪念"开闽文宗"欧阳詹，此桥故称"吟啸桥"。

　　据清乾隆年间《晋江县志》记载，该桥始建于唐贞观年间（627—649年），初为木构梁桥，由日辉禅师建造。南宋绍兴二十五年（1155年）由僧人守徽主持改建为石墩木梁桥，现存主体结构为明弘治七年（1494年）重修后的石墩石梁桥。

　　桥体为南北走向，全长87.2米，宽3米，现存11墩12跨，最大净跨径约6.5米。桥墩采用石砌结构，由花岗岩条石垒砌。桥面中部高、两端低，两侧保留粗雕石栏杆，顶端雕冠。

　　作为唐宋时期泉州南北交通要道节点，该桥北接御赐桥、顺济桥，直通泉州城，南联古驿道达厦门、漳州，1982年被列入晋江第一批文物保护单位，2013年入选第三次全国文物普查重要新发现。

吟啸桥

三、石笋桥

石笋桥，又名笋江桥、履坦桥、济民桥、通济桥，俗称"浮桥"，位于泉州古城西南临漳门外，横跨晋江干流。据清乾隆年间《泉州府志》载，北宋皇祐元年（1049年）始建浮桥，由太守陆广以48艘木船连缀而成。南宋绍兴二十年（1150年），在当时泉州开元寺住持释文会的主持下，该桥由浮桥改建为石桥。

石笋桥

石笋桥

改建后的石笋桥为石梁桥，有2座桥台、15座桥墩，共16跨。桥长约235米，桥面宽约5.7米，两侧设扶栏。中间13座桥墩采用船形，设双向分水尖，以减小溪流和涨潮的水流冲击。

2000年，石笋桥南桥头第一跨断塌。2002年，洪水又冲掉3座桥墩。如今，石笋桥仅残存中间一段，已不再具备交通运输功能。2013年，石笋桥被列入福建省文物保护单位。

叁
山堑通途

一、东关桥

东关桥，又名通仙桥，坐落于永春县东关镇东美村，横跨湖洋溪，是闽南地区罕见的石伸臂木梁廊桥。桥长85米，宽5米，4墩5跨。桥上盖有木构廊屋，以保护木梁免受雨水侵蚀，同时又为附近民众聚会、休闲等提供遮风避雨的公共空间。

该桥始建于南宋绍兴十五年（1145年），由永春知县林廷彦主持建造，历经宋、明、清代多次重修。初为石梁桥，现为清代重修结构。

东关桥其名源于所在地名，别称"通仙桥"则源自宋代传说。据传，宋代泉州官员巡视至此时，因湖洋溪阻隔民生，遂命建桥。总管家借机敛财致工程延误，幸得一拄方竹杖老者智斗恶吏，迫使总管家出资加速建设。桥成之日老者踏

东关桥

"古通仙桥"牌匾

云而去，民众感念其德，故称"通仙桥"。入口处"古通仙桥"牌匾与传说相呼应，成为关东桥重要的文化印迹。

东关桥作为季节性陆运节点，见证了德化瓷器外运的辉煌历史。乾隆年间《永春州志》记载："磁器自德化肩挑至许港，舟运至东关，遇涸则陆运过桥抵汰口，复舟下泉州。"此处"遇涸则陆运过桥抵汰口"中的"桥"即为东关桥，意指枯水期德化瓷器需要经东关桥陆运至南安汰口驿。这座横跨溪流的廊桥，不仅是建筑技艺的瑰宝，更是千年商贸文明的重要见证。

华美桥

二、华美桥

华美桥，原名永久桥，位于南安市蓬华镇华美村。始建于北宋熙宁年间（1068-1077年），清同治年间（1862-1874年）教谕洪荣重建。华美桥为单跨石拱桥，长21.4米，宽约4.16米，跨径9.5米，桥面两侧置栏杆。

华美桥周围山清水秀，景色优美。桥东北面立一桥碑，花岗岩质，圆首，高1.84米、宽0.65米，上刻"华美桥"三字，系清光绪九年（1883年）探花黄贻楫书。1998年4月南安市人民政府公布华美桥为第四批市级文物保护单位。

华美桥

三、广桥

广桥位于泉州市洛江区罗溪镇广桥村。桥长13.8米，宽2.5米，跨径13米，为单跨石拱桥。桥为实腹式，纵桥向采用较大的双向坡，南北各有7级石阶。站在桥的一端看不见对岸，由此，古往今来该桥享有"桥头望不到桥尾"的美誉。

广桥原名龙潭桥，因建于龙潭边上而得名。该桥始建于南宋淳熙八年（1181年），明嘉靖年间（1522-1566年）重建，清康熙四十一至四十二年（1702-

广桥

1703年）移位重建，现存的石拱桥为乾隆五十七年（1792年）重修时的结构。主拱石采用附近的辉绿岩石，干砌，石块结合面凿细密斜纹以增强咬合力。

　　该桥处于原晋江与仙游主要的交通道上。桥北立清康熙四十二年《重建龙潭广桥碑记》和乾隆五十七年《重整龙潭广桥碑记》，1992年被列入泉州市第三批文物保护单位。因石拱桥在当时的闽南地区较为少见，当地人简称该桥为拱桥，拱与广谐音，因此，所在村因桥而得名广桥村。

广桥

桥见泉州

　　泉州的现代桥梁建设成绩斐然。从泉州大桥到泉州湾跨海大桥，每一座桥梁都是城市发展史上的璀璨明珠，镌刻在泉州社会经济发展的丰碑之上。它们熠熠生辉，见证着泉州的辉煌历程和不断前进的步伐。

第三章 现代长虹

至善至臻之境
未来希冀之梦

壹
跨海长虹

一、高速铁路泉州湾跨海大桥

泉州湾跨海大桥有两座，一座为高速铁路桥，另一座为高速公路桥，本节先介绍高速铁路桥。

高速铁路泉州湾跨海大桥是世界首座高速铁路跨海大桥，是打通我国沿海高铁通道的重要节点。它的建成开启了高铁桥梁跨海新时代。该桥也是福厦（福州—厦门）高铁的控制性工程。它已成为泉州标志性桥梁建筑，实现了福州、泉州、厦门一小时交通圈。

大桥全长20.287千米，其中海上桥梁部分长8.96千米，主桥段长800米，主跨400米，为双塔双索面钢-混凝土组合梁斜拉桥。该桥于2017年9月开始建设，2023年9月建成通车。

泉州湾跨海大桥

高速铁路泉州湾跨海大桥主桥

高速铁路泉州湾跨海大桥深水区引桥

高速铁路泉州湾跨海大桥攻克诸多技术难题：未设风屏障却能在8级大风下列车不限速运行，11级暴风时交通不封闭。大桥建成后经受15级强台风"杜苏芮"的考验，通过了时速385千米海上高速行车的动态检测，消除了长大跨海大桥的"限速区段"。深水区引桥总长4.2千米、采用20联3×70米无支座整体式刚构桥创新结构。同时，该座大桥是全球首座采用免涂装耐候钢大型跨海工程。

正因其卓越表现，大桥荣获"西奥多·库珀奖"（铁路桥）与2024年度"菲迪克工程项目奖"卓越奖。这两个奖项分别被誉为桥梁界和国际咨询工程界的诺贝尔奖。

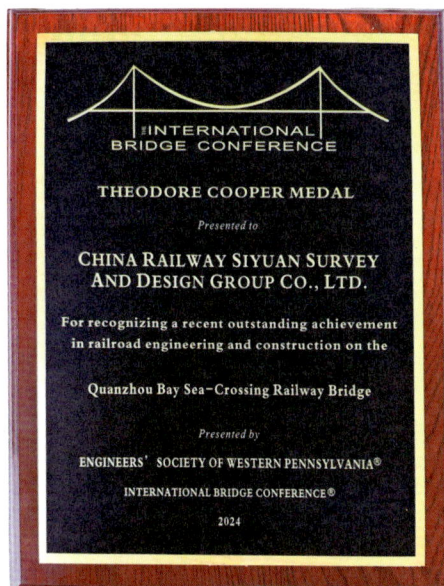

国际桥梁大会 (IBC) 西奥多·库珀奖

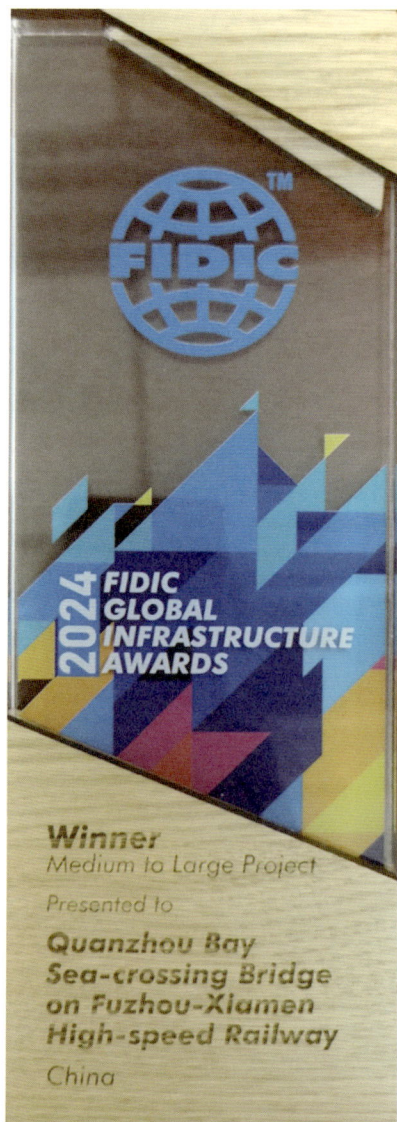

菲迪克工程项目奖

二、安海湾特大桥

　　安海湾特大桥也是福厦高铁的重要组成部分，设计速度350千米/时。它跨越泉州安海湾，连接晋江市与南安市，全长约9.46千米，主桥为双塔双索面钢-混凝土组合梁斜拉桥，主跨跨径300米。安海湾特大桥于2017年12月正式开工，2022年9月完成主体工程，2023年9月随福厦高铁同步通车运营。

　　安海湾特大桥是全球首座在跨海斜拉桥上铺设无砟轨道的高速铁路桥梁。无砟轨道铺设总长度达8.6千米，创下了"世界跨海高铁桥梁无砟轨道铺设长度

安海湾特大桥

安海湾特大桥

最长"的纪录。其轨道采用中国自主研发的CRTSⅢ型板式无砟轨道系统，轨道板与桥梁结构直接固结，克服了跨海桥梁因风浪、温差、盐雾腐蚀等环境因素导致的轨道变形难题，轨道平顺性误差控制在毫米级。

三、高速公路泉州湾跨海大桥

　　高速公路泉州湾跨海大桥，全长26.7千米，是连接石狮市与泉州台商投资区的跨海通道。大桥于2009年12月开始建设，2015年5月建成通车。大桥的建成，使泉州市环城高速公路形成了完整的闭环，有效激活了环泉州湾980平方千米的区域资源，推动了泉州市从滨江城市向环湾城市的快速转型。

　　泉州湾大桥分别由水上桥梁、南北两岸引桥、互通立交及各匝道组成，主桥路段呈西南至东北方向布置。水上桥梁长12454.894米，为双向八车道高速公路，设计速度为100千米/时。　主桥为（70+130+400+130+70）米布置的斜拉桥，两幅梁全宽54.55米。索塔高155.1米，采用三柱式门形，在索塔锚索区设置一道横梁，塔柱断面为倒角的箱形截面。斜拉索采用平行钢丝斜拉索，塔端锚固方式采用钢锚固梁方式，主梁为组合梁。泉州湾大桥采用双塔横向连接斜拉桥，并先于高速铁路桥建设。建设中，团队克服了沿海风速大、风况复杂、潮差大（近6米）、地震基本烈度高（Ⅶ度）、海洋大气及海水腐蚀性强、桥梁长度长（约10千米）等不利条件，通过精心设计、精心施工和精心管理，该工程达到了独特性、标志性和技术先进性。大桥的建成不但实现了预期的交通功能，还成为泉州的地标性桥梁建筑。

高速公路泉州湾跨海大桥

贰
敢为人先

一、安溪大桥

安溪大桥位于安溪县县城西部祥云路，横跨晋江西溪，连接祥云与北石两岸，故又称西门大桥、城西大桥。其前身可追溯至宋代凤池桥，南宋嘉定年间（1208-1224年）改建为木梁廊桥，后毁于洪水；明代重建，又毁。1952年，在原"凤池桥"旧址处修建木桥；1961年，木桥遇特大洪水被毁后，于1962年10月启动新桥建设，由福建省交通工程管理局第三工程处承建。大桥仅用了8个月时间建成，于1963年6月通车，是中华人民共和国成立后安溪城区首座大型桥梁。该桥被列为安溪县第三次全国文物普查登录点，桥头现存1963年建桥纪念碑。该桥于2021年入选《安溪县交通志》"十大交通地标"。

大桥长237.88米、宽7.5米，设计荷载为汽-15级，拖-60级。桥设7墩8孔，

安溪大桥

采用片石混凝土悬挑式墩、沉井基础，U形桥台。上部结构采用钢筋混凝土T梁，计算跨径27.7米，是当时福建省跨径最大的梁式桥，在国内也居领先水平。1980年出版的《中华人民共和国公路桥梁画册》中选录了全国有代表性的17座钢筋混凝土梁桥，安溪大桥名列其中。

为适应交通发展需求，2003—2004年该桥实施了拓宽改造。采用预应力空心板梁及单桩柱式墩台结构，在原桥上下游各增建两车道，使总宽度达26米，形成双向6车道通行能力。该桥见证了安溪县城从不足0.4平方千米向现代化城区扩展的交通发展历程。

二、刺桐大桥

刺桐大桥位于泉州市丰泽区宝洲路与晋江市池店镇之间，横跨晋江下游，是省道308线上的一座重要桥梁。该桥始建于1995年5月18日，1996年12月29日正式建成通车。刺桐大桥主桥长1.53千米，宽27米，设计为双向六车道。

为解决当时政府投资能力有限的问题，在改革开放方针指引下，泉州人以敢为人先的精神，泉州在刺桐大桥建设中在国内率先采用了BOT模式。

BOT模式，即"建设—经营—转让"（"Build-Operate-Transfer"的缩写），是指政府授权企业设计、建设、经营和维护基础设施，向社会提供公共服务的一种方式。在特许经营期内，企业可以通过收取适当的费用来回收其投资成本并获得相应的回报，同时，企业在运营期间需接受政府的监管和调控。特许期结束后，企业将根据协议将设施移交给政府。

刺桐大桥通车后，晋江两岸企业物流成本降低60％。因此，通车以来车流量和通行费均大幅增长，有力地促进了泉州社会经济的发展。之后，BOT模式也为国内众多桥梁建设所采用，为我国交通基础设施大建设提供了可贵的经验。

随着泉州市交通网络的不断完善，尤其在2006年新增了6座免费大桥之后，

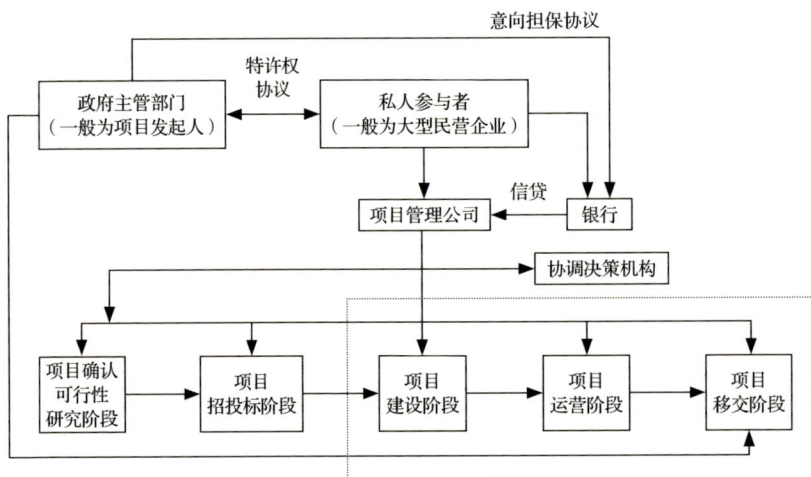

建设—经营—转让模式（简称 BOT）流程图

刺桐大桥因收费而面临车辆分流问题。同时，收费交通也对地区的发展构成了阻碍。经过多年协商，政府最终决定收回大桥的特许经营权，实现大桥的免费通行。此后，大桥又为当地经济发展注入新动能。

除刺桐大桥采用BOT方式建设外，泉州大桥也是泉州人敢为人先的改革产物。它是福建省首座"多渠道筹集公路交通建设资金"的试点。1984年9月，福建省政府出台《泉州大桥征收过桥费暂行办法》，决定"从同年12月1日起在泉州大桥试行征收过桥费，到收回该大桥全部投资时为止"。2004年大桥取消收费。期间共征收通行费6亿多元，有力地支持了交通先行工程的建设。

刺桐大桥全景

刺桐大桥主桥

三、上坂大桥

上坂大桥位于永春县湖洋镇上坂村，跨越湖洋溪，全长137.1米，采用整体式桥台，不设支座和伸缩缝，是我国目前最长的无伸缩缝整体桥。

大桥桥面宽8.5米，设计荷载为汽-20级，挂-100级。上部结构为4×30米预应力混凝土T梁连续梁，梁高1.8米，采用先简支后连续法施工。桥墩为双柱式钢筋混凝土结构，扩大基础。桥台为钢筋混凝土整体式桥台，矩形扩孔桩基础。

无伸缩缝桥梁（简称无缝桥）是指在两引板末端范围内，上部结构连续且不设置伸缩缝的桥梁。无缝桥能从根本上免除伸缩缝病害带来的养护与更换问题，降低桥梁的全寿命周期成本；同时，可提高行车舒适性、安全性，降低噪声，增强了桥梁的抗灾能力和耐久性。因此，它是可持续发展桥梁的一种重要形式，已在美国、日本、欧洲等发达国家及地区得到广泛应用。我国自20世纪末引入并发展该技术，上坂大桥是其应用的典型代表，以该桥为主的科研成果《无伸缩缝桥梁的理论与应用研究》荣获2005年福建省科学技术进步奖三等奖。在此基础上，团队通过系列研究与应用，编制颁布了国内第一部无缝桥技术规程，主编了全国性的团体标准。

上坂大桥

上坂大桥

叁

气象万千

一、沉洲特大桥

　　沉洲特大桥位于泉州市丰泽区沉洲社区，建成于1997年。大桥全长约3.085千米，宽22.5米，双向四车道，设计速度120千米/时。主桥采用悬臂浇筑的预应力混凝土连续梁，引桥则为预应力连续T梁。桥梁施工中克服了软土地基和潮汐水文条件，为后续沿海高速公路建设积累了经验。

　　该桥属于福建省首条高速公路——泉厦高速（泉州至厦门）的重要组成部分和泉州段关键节点。沉洲特大桥的建成实现了福建省高速公路"零的突破"。同时，泉厦高速公路作为全国"两纵两横"公路主干网的一部分，使福建省正式融入国家高速路网体系。该桥被列为20世纪90年代福建省十大交通工程之一。

　　大桥以高架桥的形式跨越市区的主干道和晋江，建成时是跨越晋江最长的

沉洲特大桥

桥梁。大桥直接服务于泉州中心城区，推动了丰泽区与晋江、石狮等经济活跃区域的联动，加速了闽南地区资源整合与经济协作。

二、后渚大桥

后渚大桥位于泉州市洛阳江后渚港区，是一座预应力钢筋混凝土连续刚构桥。该桥始建于2001年，2003年正式建成通车。大桥桥面宽25.5米，全长2096.5米，其中主桥长492米，单跨最大跨径为120米。

后渚大桥全景

后渚大桥相关研究成果《泉州后渚大桥的防撞岛模型试验与大型空间有限元仿真分析》《泉州后渚大桥五孔预应力混凝土连续刚构分析与测试》分获福建省2004年、2005年科学技术奖三等奖。后渚大桥被原交通部授予"全国交通系统基础设施建设廉洁工程项目"称号，为福建省唯一获此荣誉的项目。

后渚大桥的建成打通了泉州东进通道，支持城区跨山越海东扩，完善城市路网结构，并促进泉州港湾经济建设，带动了地方经济发展与投资环境改善。同时，该桥加强了闽东南地区协作，对推动海峡两岸双向"三通"具有重要作用。

后渚大桥横跨洛阳江

三、晋江大桥

晋江大桥横跨晋江水道，距晋江入海口约3000米，是连接丰泽区与晋江市的重要过江通道，也是国道G228线的重要组成部分。晋江大桥始建于2005年，2008年建成通车。桥梁双向6车道，总长3.6千米，其中主桥部分长365米，宽36米，为预应力混凝土斜拉桥。

晋江大桥

晋江大桥桥墩

由于泉州的地质条件较为复杂，在主塔施工中，18根直径2.2米的钻孔桩，根根扎入晋江几十米深的岩层，最深桩基长达61米，嵌入岩层达30多米，均创国内桥梁基础施工之最。

晋江大桥采用了预应力钢筋混凝土鱼腹式双主梁，这在国内尚属首次。为了提升大桥的抗震性能，首次大规模应用了隔震支座新技术，主桥部分采用了四芯隔震支座设计，成为全国桥梁隔震设计的示范性工程。

晋江大桥建成后，泉州市过境交通实现"东进东出"，进一步加强中心市区与晋江、石狮、惠安、泉港之间的联系，方便中心市区对外延伸，对建设海湾型城市，改善城市交通条件和投资环境起到积极作用。

四、百崎湖大桥

百崎湖大桥坐落于惠安县百崎镇凤浦村，跨越百崎湖，位于城市一级主干道上。该桥始建于2005年，2007年竣工通车。桥长488米，共3跨，为（51+80+51）米的下承式钢管混凝土刚架系杆拱桥。拱肋采用新型哑铃形截面，腹腔内不填混凝土。拱肋与桥墩之间固接，主桥墩为薄壁门式框架墩，钻孔灌注桩基础。大桥主桥宽41.1米，共双幅，双幅间距2.2米，引桥宽36.5米，双幅间距4米。该桥是福建省内规模与跨径最大的钢管混凝土刚架系杆拱桥。

百崎湖大桥

桥见泉州

习近平总书记强调："中华优秀传统文化是中华民族的精神命脉，是涵养社会主义核心价值观的重要源泉，也是我们在世界文化激荡中站稳脚跟的坚实根基。"[1]泉州的古桥以其精湛的建筑技艺和深厚的文化内涵著称，催生了丰富的文艺作品和民间传说，成为泉州重要的文化遗产。泉州的新桥则融合了传统与现代技术，不仅是地方文化历史的传承，也是城市现代化进程中的象征。

桥梁是梦想与希望的象征。每一座桥都承载着泉州人民对美好生活的向往和追求，见证着泉州与世界的深厚友谊，展现了泉州在新时代新征程中的使命与担当。

桥梁是文化与情感的纽带。每一座桥都是海外游子心中永恒的坐标，承载着他们对家乡的无尽思念与牵挂，为他们指引着家的方向。

---

[1] 习近平，《在文艺工作座谈会上的讲话》，《求是》，2024 年第 20 期。

第四章　美韵流芳

至善至臻之境
未来希冀之梦

壹
和谐之美

一、现代桥梁结构与地方建筑艺术

　　泉州大桥位于泉州市鲤城区临江街道、丰泽区泉秀街道与晋江市池店镇华洲村之间，横跨晋江下游，是国道324线泉州段的重要组成部分。主桥长，桥面宽，共22跨，上部为钢筋混凝土拱，净跨50米。

　　该桥始建于1980年，1984年正式建成通车，是泉州市区第一座横跨晋江下游的现代桥梁。该桥对现代桥梁结构采用地方建筑风格设计进行了可贵的探索。

泉州大桥

　　泉州大桥在两岸的岸台上分别建造了一座螺旋梯，并建设了4座六角形的桥头敞亭。在桥亭与螺旋梯旁，安装了玉兰花形状的装饰灯，每杆灯上有12盏灯泡。此外，大桥两侧的栏杆上装饰有326座由花岗岩雕刻而成的白莲花和164对青石雕刻的狮子。这些桥亭、装饰灯、栏杆上的白莲花和石狮子，充分反映了当地的建筑特色与民间工艺成就，取得了极佳的建筑艺术效果。

泉州大桥桥侧的六角桥头敞亭

泉州大桥栏杆上的石狮子

为提升大桥的交通能力，满足人们多样化的出行需求，2021年，泉州市启动了泉州大桥扩宽项目，在旧桥上游新建一座宽26米的桥梁。扩宽后，大桥的全长达到1.301千米，总宽度增至43米，采用双向六车道布局，并设有独立的非机动车道和人行道。同时，将两侧人行道拆掉，换成重量轻、强度高、耐腐蚀能力强的超高性能混凝土人行道板。

扩建后的泉州大桥

泉州在现代桥梁建设中，十分重视桥梁的结构造型。

晋江大桥的主塔，设计中融合了泉州"开放、交流"的理念，以"开"字为造型灵感，象征开放、开端、开创、开启，寓意海上丝绸之路为泉州带来与世界交流的机会。桥塔顶部设计借鉴泉州民居特色，塔柱外侧刻槽处理，展现了闽南地区风情。

晋江大桥桥塔

又如高速公路泉州湾跨海大桥，主桥的斜拉桥桥塔采用了三柱式门形塔，以表达"古香海韵"的创意。其造型具有中国传统古风，简洁朴素，堂皇古雅，肃穆大方，彰显泉州醇厚绵长的人文底蕴，代表泉州兼容并蓄的人文性格。塔身方正兼顾，辅以古典的装设，具有强烈的历史厚重感。高耸的门形塔，积极向上，代表了泉州的海洋精神。桥塔上的"泉州湾大桥"采用蔡襄字体。

泉州湾跨海大桥（左）与泉州湾公路桥（右）

二、桥梁遗产保护与当代交通需求

泉州市作为历史文化名城和古代海丝重要城市，古桥数量众多。为了保护古桥的历史价值，传承其文化脉络，同时满足现代交通需求，泉州市采取了二者兼顾的办法。一方面，对古桥尽最大能力进行保护；另一方面，在其上游或下游架设新桥，以满足当下的交通需求。

这样，在泉州形成了众多新旧桥共存的和谐景象。古桥承载着历史的厚重，新桥展现着时代的风采，在同一江河上交相辉映，形成了一幅跨越时空、现代与古代桥梁对话的壮丽画卷，为古桥保护与现代发展提供了泉州经验。这里给出三个实例。

一是顺济双虹。顺济桥遗址前文已作介绍。顺济新桥坐落于顺济桥遗址上游大约80米的位置。作为跨越晋江的第六座桥梁，它延续了顺济古桥的历史文脉，有效地缓解了泉州大桥的交通压力。

顺济新桥是一座简支空心板梁桥，始建于1998年，1999年投入使用。该桥长1450米，其中主桥长925.74米，宽18米，共有31跨。

二是洛阳双虹。洛阳桥（古桥）前文已作介绍。洛阳新桥坐落于惠安县洛阳镇万安村的江海交汇处，跨越洛阳江，且位于洛阳桥上游约500米处，是国道324线上的一座重要桥梁。该桥连接了环泉州湾区域的各区县，为洛阳江两岸的区域经济发展提供了强劲动力。

洛阳新桥，为简支T梁桥，长218.5米，宽33.7米，共有10跨，于1996年12月建成通车。

顺济双虹

洛阳双虹

　　三是笋江双虹。笋江古桥（石笋桥）前文已作介绍。笋江大桥（新桥）坐落于鲤城区的晋江江面上，是鲤城区实施跨江发展战略的重要举措之一。笋江大桥长245米，宽32米，共有16跨，为简支空心板梁桥。

　　笋江大桥建于1997年，1998年底建成通车。2004年，大桥的日通行量已达到2万多辆次。为减轻交通压力并满足日益增长的跨江车辆需求，笋江大桥进行了扩宽改建。如今，笋江大桥已成为晋江上一个重要的跨江通道。

笋江双虹

三、桥梁实用功能与精神象征

　　在泉州的诸多古桥上，多能见到佛教的塔，或立于桥头，或建于桥的两侧。

　　桥上建塔最多的当数洛阳桥，据记载，桥上有七亭九塔，目前尚存五塔，无一雷同。塔中最大最高者为晋江安平桥的桥头白塔，五层六角，高达22米，砖木空心结构，白灰粉刷，风貌古朴，画意盎然。该桥的两侧水中还建有方塔和圆塔。因此，塔的平面形状变化之多，也为安平桥的一大特色。

安平桥桥头白塔

洛阳桥桥头塔

　　从建筑学审美来看，桥为横线，塔为竖线，一横一竖，丰富了建筑的空间构图。加之塔的形式变化，再配以亭台、石碑、石栏等附属物，高低起伏，错落有致，视线随之变化，极具音乐的节奏与韵律，给人以美的享受，让人想起德国哲学家谢林在《艺术哲学》中提出的"建筑是凝固的音乐"这一精辟见解。

　　泉州石墩石梁桥的技术成就最高，出现在这些桥上的佛塔也最多，究其原因是众多僧人主持或参与了这些桥梁的修建。翻开茅以升主编的《中国古桥技术史》会发现，在中国古桥选录石梁桥部分，泉州地区入选的几十座名桥绝大部分是由僧人主持修建或参与修建的。南宋僧道询，仅在泉州一带就留下了凤屿盘光桥、弥寿桥、登瀛桥、通济桥、清风桥、青龙桥和獭窟屿桥等七座长桥。元时的王法助在闽南沿海地区前后主持修建了十八座桥梁。

　　"建此般若桥，达彼菩提岸。"建桥是宋元时期泉州出家人修行的重要途径之一。他们以出家的思想，修建世俗的桥梁工程。在造福当地民众的同时，不忘宣传他们的精神追求。这就使得泉州古桥将实用功能与精神象征融为一体，表现出物质与精神和谐一致的景观。

贰
文学之美

一、金石永固的艺术长廊

泉州古桥如链，串联起山海与岁月，而桥上石雕恰似凝固的诗行，将匠人智慧与地域文化镌刻于金石之间。从宋元至当代，这些石雕跨越千年，以惠安传统石工技艺为魂，在桥梁上构筑出一条"永固"的艺术长廊。

泉州桥梁石雕题材多元广泛，兼顾实用性与审美表达。洛阳桥现存宋代石将军立像，披甲持剑，镇守潮汐；桥中"月光菩萨塔"浮雕宝相庄严，见证海上丝绸之路的信仰交融。据《泉州府志》载，此类雕刻需"石不过惠安，工不出崇武"，选用花岗岩、辉绿岩等耐潮石材，经"打坯、细刻、抛光"等十余道工序，方成不朽之作。

洛阳桥护桥石将军

洛阳桥护桥石将军

洛阳桥"月光菩萨塔"

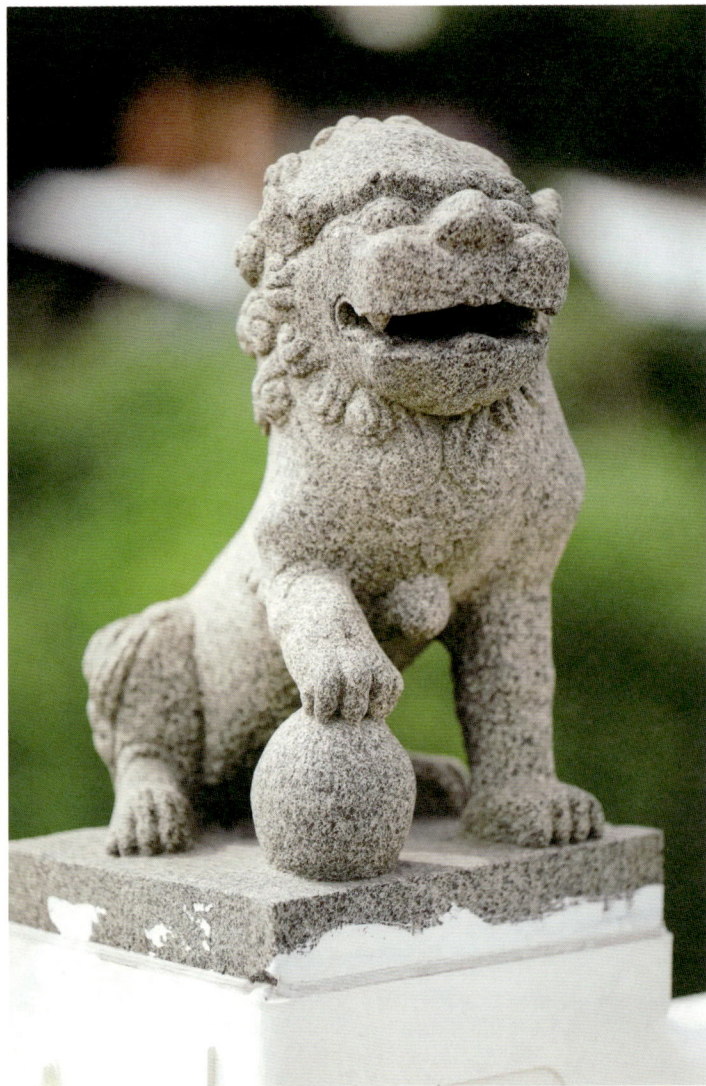

泉州大桥石狮子

而今，石雕与当代造桥技艺相映生辉。泉州大桥饰以326朵白莲花与164对石狮，狮首或昂首或侧目，形态鲜活，均由惠安工匠一錾一凿而成。这些石雕不仅是交通设施的一部分，更是泉州人敬畏自然、传承匠心的物证，大桥也成了跨越时空的露天艺术展廊。

二、丰富多彩的文学再现

泉州从古至今，桥梁建设成就非凡。特别是宋元时期，由于泉州港的崛起，为适应经济发展的需要，泉州建造了大量石墩石梁长桥，成为我国桥梁史上一个重要里程碑。这些桥梁为文学创作提供了不竭的源泉。同时，泉州古桥的技术、形象、故事与人文精神，也以丰富多彩的文学形式再现。

以诗歌来说，巧合的是，宋代一些大诗人，如陆游、曾巩、刘克庄、王十朋以及史学家袁枢等，或曾在当地为官或本就是本地人。于是，诗人与桥自然邂逅。"我见青山多妩媚，料青山见我应如是。"诗因桥而生情，桥因诗而增辉，构成一道桥梁文化绚丽的风景线。

在众多咏洛阳桥的诗中，南宋诗人刘克庄写的三首《洛阳桥》别具一格，不落窠臼，让人耳目一新。

《洛阳桥》（其一）

周时宫室汉时城，废址遗基划已平。

乍见桥名惊老眼，南州安得有西京。

这首七言绝句妙在诗的构思。它不写别的，而是从洛阳桥的桥名着眼，采用反讽的手法表达，意为周朝、汉朝这些强盛的王朝都早已成为过往，偏安一隅的南宋朝廷哪还有能力去收复早已沦陷的西京洛阳。原来是自己老眼昏花了，原来这里是南州，不是西京。

《洛阳桥》（其二）

赢氏曾驱六合人，蔡侯只用一州民。

立犀岂不贤川守，鞭石何须役海神。

整首诗采用对比手法，"六合人"与"一州民"对比，"长城"与"洛阳桥"对比，"神话"与"现实"对比，既表达对"任人唯贤"的希望，又流露出对当时官场"文恬武嬉"腐败现象的辛辣讽刺，用语曲折，诗意深邃。

《洛阳桥》（其三）

面对虚空趾没潮，长鲸吹浪莫漂摇。

向来徒病川难涉，今日方知海可桥。

这首诗初看平淡，但如果结合刘克庄的身世看却用意颇深。《洛阳桥》（其三）写作时间是宋嘉熙三年（1239年），刘克庄时年53岁。宋嘉熙元年（1237年），刘克庄改任袁州（今江西宜春），但又遭到构陷，罢职回乡。他在《自述》中说："身十年而三黜，肠一日而九回。"茫茫宦海，乡关何处？出路何在？游览洛阳桥让他的心情豁然开朗，故而诗句"长鲸吹浪莫漂摇""今日方知海可桥"字里行间流露出宁静淡泊的意味。

洛阳桥相关诗词（部分著录）

北望中原万里遥，南来喜见洛阳桥。

人行跨海全鳌背，亭压横空玉虹腰。

——南宋·王十朋《题万安桥》节选

路尽平畴水色空，飞梁遥跨海西东。

潮来直涌千寻雪，日落斜横百丈虹。

——明·徐𪸩《咏万安桥》节选

试上洛阳桥上望，舳舻天远漫纵横。

——清·张远《闽中杂感》节选

安平桥相关诗词（部分著录）

伐石为梁柳下扛，上成若鬼丽且雄，玉梁千尺天投虹，直槛横栏翔虚空。

——宋·赵令衿《咏安平桥》节选

五里桥成陆上桥，郑藩旧邸踪全消。英雄气魄垂千古，劳动精神漾九霄。

不信君谟真梦醋，爱看明俨偶题糕。复台得意谁能识，开辟荆榛第一条。

——现代·郭沫若《咏五里桥》

除了海湾上的大型桥梁如洛阳桥、安平桥，泉州市内的一些桥梁也留下了大量的诗词。如南宋政治家、诗人王十朋于宋乾道四年（1168年）任泉州知府，写下一首七言诗《石笋桥》。

《石笋桥》

南宋·王十朋

刺桐为城石为笋，万壑西来流不尽。

黄龙窟宅占上游，呼吸风涛势湍紧。

怒潮拍岸鸣霹雳，淫潦滔天没畦畛。

行人欲渡无翼飞，鱼腹蛟涎吁可闵。

二三大士为时出，目睹狂澜心不忍。

小试闲居济川手，远水孤舟寇忠悯。

亦有山僧愿力深，解使邦人指仓囷。

五丁挽石投浩渺，万指砾山登巉嶙。

辛勤填海效精卫，突兀横空飞海蜃。

趾牢千尺鲛人室，护以两旁狮子楯。

南通百粤比三吴，檐负舆肩走骏牝。

论功不减商舟楫，遗利宜书汉平准。

莫将风月比扬州，二十四桥真蠢蠢。

我时出郊春雨后，鹭点沙汀飐鹰隼。

江亭桥首独遐观，有客南来杯共引。

欲咏河梁拟苏李，颇类鉴湖逢元稹。

江山不逢贤太守，袖手沉吟觉才窘。

况无铁笔拟端明，徒使时人笑蚯蚓。

绣衣屡约吾来游，未遂堪嗟德星陨。

乡来尝以记属我，固避牢辞惭不敏。

传闻江欲飞栋初，异论纷纷互矛盾。

世无刚者桥岂成，名与万安同不泯。

我国传统文化缺乏对技术的重视，古人将工艺和技术，称为"奇技淫巧"。桥头石碑、县志多记载的是官员、捐资、建设时间等，对桥梁结构、施工方法记录极少。这首诗则为石笋桥提供了重要的史料。"五丁挽石投浩渺，万指琢山登岣嵝。辛勤填海效精卫，突兀横空飞海蜃。""万指琢山""五丁挽石""精卫填海"都说明了当时建桥时通过抛石来打造基础，即采用了洛阳桥的"筏形基础"。这首诗为这种基础的施工方法提供了佐证。

这首诗是以叙事、议论、抒情相结合，语言浑厚。比如，"二三大士为时出，目睹狂澜心不忍。小试闲居济川守，远水孤舟寇忠愍"，称颂了力主建桥的官员。"南通百粤比三吴，担负舆肩走駃牝。论功不减商舟楫，遗利宜书汉平准"，则阐明了建桥的意义与影响。

闽南地区谚语

"立如东西塔，卧似洛阳桥"：形容泉州人精气神。

"有溪就有桥，有山就有庙"：形容社会发达，经济繁荣。

"过桥多过你走路"：形容见识比人家高。

"一棵树难挡风，支柴难造桥""一人建不起龙王庙，千家造得起洛阳桥"：形容众人力量大。

"桥未过，拐先抽"：形容忘恩负义。

书法

安平桥的望高楼上嵌有楷书书写的"望高楼""金汤永固"等石匾额和石刻，这些均为清同治三年安平桥重修时，由黄章烈所题。

洛阳桥中亭"海内第一桥"展馆内的石匾由清代沈汝翰书写。

安平桥望高楼

"海内第一桥"石匾

壁画

　　泉州有关桥梁的绘画目前保留较为完好的为永春五里街的"洛阳胜景"壁画。

"洛阳胜景"壁画对研究当地绘画艺术和古代洛阳桥的历史方面均有参考价值。

"洛阳胜景"壁画

戏曲及其他

　　昆曲传统剧目《洛阳桥》由明末清初戏曲家李玉创作，成于清代，现存清升平署钞工尺谱本及多种影印本。该剧在清末上海曾以彩灯戏形式演出，舞台调度融合丑角表演与宗教意象。作为昆曲入闽典型案例，该剧目反向影响福建地方剧种发展。此后，还出现了豫剧、京剧、客家采茶戏等《洛阳桥》剧目。其中，豫剧被拍成电影，客家采茶戏《洛阳桥》出版了音像作品。

　　1928年，上海宏大善书局石局出版了《洛阳桥宝卷》。1981年，福建人民出版社出版了《洛阳桥》连环画。中国邮政和洛江区政府联合发行的《洛阳桥》个性化邮票，将千年古桥收录进邮票。该邮票于2024年4月26日在洛江区洛阳桥畔发布。

三、为桥增辉的艺术瑰宝

人称洛阳桥有三绝，一是工程艰苦浩大，二是《万安桥记》简洁，三是碑石、碑字艺术精雕。这三绝都与时任泉州府知事蔡襄有关。

蔡襄（1012—1067年），字君谟，福建路兴化军仙游县（今属福建省莆田市）人。任泉州府知事时，他主持了洛阳桥的修建。桥建成后，蔡襄作为一位大文学家，他撰写了《万安桥记》：

泉州万安渡石桥，始造于皇祐五年四月庚寅，以嘉祐四年十二月辛未讫功。絫趾于渊，酾水为四十七道，梁空以行，其长三千六百尺，广丈有五尺，翼以扶栏，如其长之数而两之，靡金钱一千四百万，求诸施者。渡实支海，去舟而徒，易危而安，民莫不利。职其事卢锡、王寔、许忠、浮图义波、宗善等十有五人。既成，太守莆阳蔡襄为之合乐宴饮而落之。明年秋，蒙召还京，道由是出，因纪所作，勒于岸左。

洛阳桥本名万安桥。《万安桥记》行文简洁，仅一百五十三字，就把建桥日期、所费金额、工程情况、负责施工的人员，概入其中，成为一篇读来抑扬铿锵、兴味横生的佳作。

蔡襄是宋代四大书法家之一。他的书法端庄沉稳，雄伟遒丽，书写的《万安桥记》碑文，被历代书法家认为是蔡氏书法的代表作。《皇宋书录》记载："蔡公万安桥记，大字刻石最佳。"明代王世贞则说其碑文的书法"当与桥争胜"，都非过誉之词。现在，蔡襄书写的碑文石刻（共两块），仍保存在桥南"蔡忠惠公祠"内，一块为北宋原刻，另一块则为后代补刻。

蔡襄雕像

泉州萬安渡石橋始造於皇祐五
年四月庚寅以嘉祐四年十二月
辛未訖功纍趾于淵釃水為四十
七道梁空以行其長三千六百尺
廣丈有五尺翼以扶欄如其長之
數而兩之靡金錢一千四百萬求

諸施者渡實支海去舟而徒易危
而安民莫不利職其事盧錫王寔
許忠浮圖義波宗善等十有五人
既成太守莆陽蔡襄為之合樂譙
飲而落之明年秋蒙
京道繇是出因紀所作勒于岸左
　　　　　　　石遶

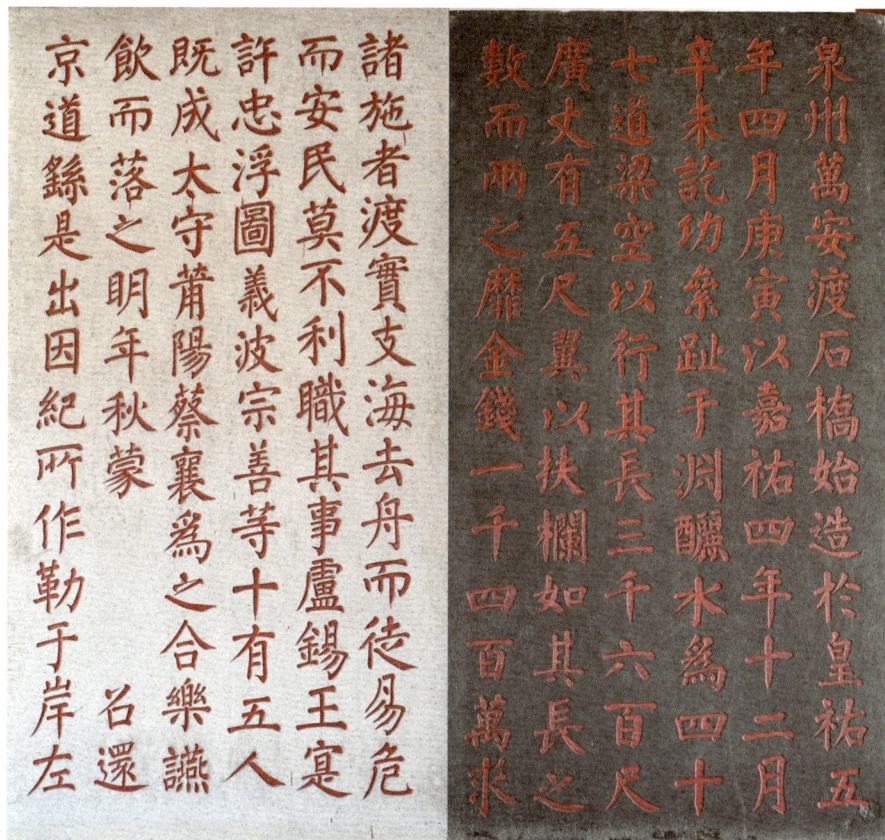

《万安桥记》石碑

叁
文化之美

一、华侨乡贤的家国情怀

  泉州是著名的侨乡。长期以来，华侨和华人凭借深厚的家国情怀和卓越的商业智慧，为泉州的发展提供了源源不断的动力。他们在文化传承、地方投资建设、社会公益和国际交流等领域的努力和贡献尤为突出。

  华侨通过捐赠和投资，助力泉州教育事业发展。

  中国唯一一所以"华侨"命名的部属高校——华侨大学，不仅是高等教育的重要阵地，也是华文教育的重要基地，培养了大批人才，促进了中华文化的传播与交流。华侨大学的建设得到了许多海外华侨的捐资支持。2020年建校60周年时，更有一大批侨捐工程落成或奠基。

  仰恩大学由旅居缅甸的乡亲吴庆星先生于1987年独资创立，它是全国第一所具备颁发国家本科学历证书和授予学士学位资格的私立大学，并被中国侨联设立为爱国主义教育基地。

　　仰恩大学校园内有一座中承式钢管混凝土提篮拱桥，原名和昌桥，后改名为普照桥。该桥始建于2001年，2002年竣工。它是跨越人工湖的一座人行桥，大桥共一孔，全长153.7米，净跨100米，桥面净宽5米（总宽5.5米），宽跨比约为

华侨大学

仰恩大学

1∶20。拱肋为哑铃形截面。桥梁采用提篮拱，内倾角100°，稳定性好，造型美观，被学生们誉为"彩虹桥"。正所谓：湖风微微，彩霓缤纷，五彩缤纷的彩虹桥，撑起仰恩学子前行的道路。普照桥同样是爱国华侨吴庆星先生出资建造。这是福建省内仅有的独特结构形式。

仰恩大学普照桥

　　除了捐资兴教，捐资建桥也是华侨们所热心的公益事业，安溪铭选大桥就是华侨捐资修建的。大桥位于安溪县城东隅，跨越兰溪，县旅外侨亲钟江海、钟明辉捐献800万元人民币建造的。泉州华侨通过直接参与基础设施建设、捐赠支持公共设施建设等多种形式，促进泉州经济快速发展。

安溪铭选大桥

首届"海丝"侨商投资贸易大会

　　泉州华侨充分发挥他们在旅居国与泉州之间的桥梁和纽带作用，推动了经贸合作与文化交流。他们不仅在旅居国创造了财富，也为家乡的经济发展提供了支持。泉州市通过各种活动，如"'海丝'侨商投资贸易大会""泉籍精英故乡行""海外侨商泉州行"和"异地泉商返乡行"等，邀请海外侨商来泉考察投资，实现互利共赢。

　　泉州华侨历史博物馆坐落于泉州市区，主要展示泉籍华侨海外移民的历史以及他们在海外的生存和发展。该博物馆反映了华侨华人群体的主要特征及其在人类文明发展史中的地位与作用。

泉州华侨历史博物馆

二、全球文化交流的重要"桥梁"

　　泉州以其多元文化和开放包容的精神，吸引了来自世界各地的游客和学者，成为全球文化交流的重要"桥梁"。通过持续的国际交流与合作，泉州正将自身的文化魅力和科技成就推向世界，为全球文化多样性和科技进步作出积极贡献。

　　"中国白·德化瓷"国际巡展系列推介活动从被誉为"世界的十字路口"的美国纽约时报广场启程，途经有"仙人掌之国"之称的墨西哥，最终抵达"郁金

德化白瓷真品——"何朝宗"款观音像

unesco
World Heritage Convention

Help preserve sites now! | Explore UNESCO | English | Login

Our expertise | The List | Activities | Partnerships | Publications

Search the List | Filter

The List > Quanzhou: Emporium of the World in Song-Yuan ...

Quanzhou: Emporium of the World in Song-Yuan China

Description | Maps | Documents | Gallery | Indicators

Quanzhou: Emporium of the World in Song-Yuan China

The serial site of Quanzhou illustrates the city's vibrancy as a maritime emporium during the Song and Yuan periods (10th – 14th centuries AD) and its interconnection with the Chinese hinterland. Quanzhou thrived during a highly significant period for maritime trade in Asia. The site encompasses religious buildings, including the 11th century AD Qingjing Mosque, one of the earliest Islamic edifices in China, Islamic tombs, and a wide range of archaeological remains: administrative buildings, stone docks that were important for commerce and defence, sites of ceramic and iron production, elements of the city's transportation network, ancient bridges, pagodas, and inscriptions. Known as Zayton in Arabic and western texts of the 10th to 14th centuries AD.
Description is available under license CC-BY-SA IGO 3.0

English | French | Arabic | Chinese | Russian | Spanish

China
Date of Inscription: 2021
Criteria: (iv)
Property: 536.08 ha
Buffer zone: 11,126.02 ha
Dossier: 1561rev

N24 42 37 E118 26 39

Outstanding Universal Value

Brief synthesis

Located on the southeast coast of China, the serial property Quanzhou: Emporium of the World in Song-Yuan China reflects in an exceptional manner the spatial structure that combined production, transportation and marketing and the key institutional, social and cultural factors that contributed to the spectacular rise and prosperity of Quanzhou as a maritime hub of the East and South-east Asia trade network during the 10th – 14th centuries AD. The Song-Yuan Quanzhou emporium system was centred and powered by the city located at the junction of river and sea, with oceans to the south-east that connected it with the world, with mountains to the far north-west that provided for production, and with a water-land transportation network that joined them all together.

The component parts and contributing elements of the property include sites of administrative buildings and structures, religious buildings and statues, cultural memorial sites and monuments, production sites of ceramics and iron, as well as a transportation network formed of bridges, docks and pagodas that guided the voyagers. They comprehensively reflect the distinguishing maritime territorial, socio-cultural and trade structures of Song-Yuan Quanzhou.

Protections
by other conservation instruments
1 protection / 2 elements

2003 Convention for the Safeguarding of the Intangible Cultural Heritage (2 elements)
• Nanyin
• Watertight-bulkhead technology of Chinese junks

Read more about synergies

"泉州：宋元中国的海洋商贸中心"列入《世界遗产名录》

香的王国"——荷兰。这三个国家的推介活动，都突出了德化白瓷作为东西方贸易融通与文化交流的重要载体这一特点。

　　泉州市积极搭建平台，如南洋华裔族群寻根谒祖综合服务平台、"刺桐侨汇"服务平台，为海外侨胞提供服务。

　　"泉州：宋元中国的海洋商贸中心"申遗项目在2021年的第44届世界遗产委员会大会上通过审议，成功列入《世界遗产名录》，成为我国第38项世界文化遗产。

三、血脉相连的时空对话

　　泉州是台湾汉族同胞的主要祖籍地之一。泉州与台湾地缘相近、血缘相亲、文缘相承、商缘相连。两地在文化上的交流尤为密切。

　　郑成功，泉州南安人。明永历十五年（1661年），郑成功率军二万人到台湾，驱逐了荷兰殖民者，收复了台湾，维护了中华民族的利益，捍卫了中国的主权和领土完整。这一事件具有极其重大的历史意义。

　　两岸一家亲，共饮一江水。2018年8月5日，福建省向金门供水工程正式通水，水源来自晋江龙湖，输送至金门。目前，福建省向金门供水已占金门民生日常用水总量的七成以上。

　　《福建省现代物流业高质量发展实施方案（2023—2025年）》明确提出，将推动增开福州、厦门、泉州至台中、高雄的空中直航航班，并开展泉州至澎湖空中直航航线的前期工作，以扩大空中货邮直航范围。

泉州郑成功像

向金门供水的晋江龙湖

中国闽台缘博物馆

　　中国闽台缘博物馆是一座国家级专题博物馆，专门反映中国大陆与宝岛台湾的历史关系，闽台五缘包括：地缘、血缘、法缘、文缘、商缘。它不仅是见证闽台历史渊源、传承历史文化、增强文化认同的重要载体，也是对台交流的平台和民间交流的纽带，在推动两岸融合发展中作用重大。同时，它还是爱国主义和文化科普教育的基地，为维护国家统一和促进两岸关系的和谐发展发挥了重要作用。

　　南音，也被称作"弦管""泉州南音"，在台湾通常被称为"南管"，为世

南音表演

界非物质文化遗产。据考证，明末郑成功收复台湾时，南音随着闽南移民传入台湾，至今已有360余年的历史。此后，南音逐渐传遍台湾，并得到发扬光大，成为连接两岸同胞的宝贵财富和精神纽带。

"刺桐花开了多少个春天，东西塔对望究竟多少年，多少人走过了洛阳桥，多少船驶出了泉州湾……" 2011年4月22日，著名泉籍台湾诗人、83岁的余光中先生携夫人从洛阳桥桥南开始，用1060步走到桥北。之后，他写下了"十段40

句"的现代诗《洛阳桥》。同年5月26日，该诗在洛阳桥中亭正式发布。

就让这首饱含故土深情的《洛阳桥》——那如洛阳桥般绵长的诗行，带着闽南的韵律与温度，为《桥见泉州》画下最动人的句点。

《洛阳桥》

余光中

刺桐花开了多少个春天

东西塔对望究竟多少年

多少人走过了洛阳桥

多少船驶出了泉州湾

现在轮到我走上桥来

从桥头的古榕步向北岸

从蔡公祠步向蔡公石像

一脚踏上了北宋年间

当初年轻的父亲或许

也带过我，六岁的稚气

温厚的大手牵着小手

从南岸走向石桥的那头

或许母亲更年轻，曾经

和父亲一同将我牵牢

一左一右，带我在中间

三个人走过了洛阳桥

想必蔡公，造桥人自己

当年曾领先走过此桥

多感动啊，泉州人随后

逍遥地越过洛江滔滔

越过洛江无情的滔滔

弘一的芒鞋，俞大猷的马靴

惠安女绣花鞋的软步

都踏过普渡的洛阳桥

潮起潮落，年去年来

匆匆过桥，一代又一代

有的，急急于赶路，有的

在扶栏与望柱间徘徊

最后是我，晚归的诗翁
一千零六十步，叠叠重重
想叠上母亲、父亲的脚印
叠上泉州人千年的跫❶音

但桥上的七亭九塔，桥下
的石墩，墩上累累的牡蛎
怎认得我呢，一个浪子
少小离家，回首已耄耋❷

刺桐花开了多少个四月
东西塔依旧矗立不倒
江水东流，海波倒灌
多少人走过了洛阳桥

---

❶ "跫"的读音：qióng。
❷ "耄耋"的读音：mào dié。

参考文献

［1］ 陈宝春，郑振飞. 读桥[M]. 北京：人民交通出版社股份有限公司，2025.

［2］ 郑振飞. 福建四大古桥：巨石垒砌的桥梁史奇观[J]. 中华民居，2020（3）：51-60.

［3］ 陈宝春. 宋朝泉州造桥技术产生和发展原因浅析[C]//中国科学技术史学会技术史委员会. 第三届全国技术史会议学术论文集. 北京：科学出版社，1984：96-98.

［4］ 郑振飞，陈宝春. 福建古桥的建筑艺术[J]. 福州大学学报（社会科学版），1991，5（2）：53-56.

［5］ 郑振飞. 福建古代石梁桥的历史地位及其技术成就[J]. 福州大学学报，1980，1：85-92.

［6］ 茅以升. 桥梁史话[M]. 北京：北京出版社，2012.

［7］ 泉州市地方志编纂委员会. 泉州市志[M]. 北京：中国社会科学出版社，2000.

［8］ 郭利民. 中国古代史地图集[M]. 北京：星球地图出版社，2017.

［9］ 林建筑. 泉州桥文化[M]. 北京：中国画报出版社，2009.

［10］ 星球研究所. 什么是泉州？[EB/OL]. 2021-07-26. https://www.bilibili.com/opus/551745315755547506.

后记

《桥见泉州》的编撰是一次跨越千年的文明对话，更是一场连接古今的匠心传承。谨以此后记，回望来路，凝炼经典，展望未来。

编撰缘起：以桥铭志，薪火相传。作为泉州现代化交通建设的亲历者和推动者，我们怀着对这片热土的赤诚之心，系统梳理泉州桥梁文化谱系，以专业视角解读桥梁背后的工程技术，以人文情怀讲述桥梁承载的城市记忆。《桥见泉州》的编撰既是对福建第一公路工程集团有限公司"匠心筑路、品质架桥"担当精神的时代诠释，也是"品质交发"战略在文化建设维度的生动实践。通过讲述从传统工艺到现代技术的演进历程，我们致敬历代建设者的智慧结晶，展现当代交通人的创新担当。

采编历程：众志成桥，匠心筑文。本书的编撰凝聚着无数人的智慧与心血。编委会成员实地探访泉州各处桥梁遗址与现代工程，广泛搜集整理各类文献资料，每一处细节都经过反复考证与推敲。在此过程中，我们得到了多方专家学者的鼎力支持，文史研究者为我们厘清历史脉络，桥梁工程师提供专业的技术解读，当地文化工作者分享鲜活的民间记忆。特别要感谢所有为本书编撰提供过支持与帮助的社会各界人士，正是你们的无私贡献才让这部作品得以完整呈现。

海丝桥韵：文脉绵延，欢迎斧正。全书以四章系统构建泉州桥梁文化的完整图景，第一章"山海之间"阐释桥梁与城市发展的共生关系；第二章"千载虹影"展现古代造桥技艺的智慧光芒；第三章"现代长虹"记录当代工程技术的创新突破；第四章"美韵流芳"探索桥梁文化的深层价值。在内容编排上，我们力求专业性与可读性的平衡，然而，受限于史料收集的完整性与编研团队的专业视野，我们深知书中定有未尽完善之处，恳请读者不吝指正。

出版寄望：通江达海，桥见未来。《桥见泉州》的付梓，是对过往智慧与荣光的深情致敬，更是面向未来的坚定宣言。泉州交通发展集团有限责任公司与福建第一公路工程集团有限公司将以"品质交发"为引领，继续擘画泉州未来交通蓝图、提升城市综合能级，在技术创新中传承文脉，在工程建设中彰显人文。我们希望读者通过本书，既能了解泉州"向海而生"的城市基因，也能认识到桥梁不仅是交通设施，更是连接历史与未来、技术与人文、地方与世界的纽带——这正是当代交通建设者应有的文化担当，也是本书希望传达的核心价值。

福建第一公路工程集团有限公司
党委书记、董事长、总经理：宋珲

二〇二五年八月

图书在版编目（CIP）数据

桥见泉州 / 泉州交通发展集团有限责任公司, 福建第一公路工程集团有限公司主编. — 北京 : 人民交通出版社股份有限公司, 2025. 9. — ISBN 978-7-114-20639-9

Ⅰ. K928.78

中国国家版本馆CIP数据核字第2025DK6018号

审图号：泉S［2025］4号

Qiao Jian Quanzhou

书　　名：**桥见泉州**

著 作 者：泉州交通发展集团有限责任公司
　　　　　福建第一公路工程集团有限公司

策划编辑：卢俊丽　李　刚

责任编辑：徐　菲　周佳楠

责任校对：赵嫒嫒　魏佳宁

责任印制：张　凯

出版发行：人民交通出版社

地　　址：（100011）北京市朝阳区安定门外外馆斜街3号

网　　址：http://www.ccpcl.com.cn

销售电话：（010）85285857

总 经 销：人民交通出版社发行部

经　　销：各地新华书店

印　　刷：北京雅昌艺术印刷有限公司

开　　本：710×1000　1/16

印　　张：10.25

字　　数：80千

版　　次：2025年9月　第1版

印　　次：2025年11月　第2次印刷

书　　号：ISBN 978-7-114-20639-9

定　　价：72.00元

（有印刷、装订质量问题的图书，由本社负责调换）